"十四五"职业教育国家规划教材

"十四五"职业教育江苏省规划教材

机械常识与钳工技能

主　编　王　琳

副主编　王志慧　谢远波　唐　艳

参　编　杨鹏飞　李燕飞　单　霞

北京理工大学出版社
BEIJING INSTITUTE OF TECHNOLOGY PRESS

内容简介

本书是参照中等职业学校相关课程标准，本着"够用、适用，同时兼顾学生，后续发展"的原则，校企合作编写的理实一体化教材。

教材主要包括绪论和4个项目，共16个任务，每个任务有配套的工作页，A 介绍了机器、机械图样、机械传动、钳工和工程材料的基本知识和基本技能。教材内容突出应用性、实践性和可操作性，使得教师易教、学生易学。

本书以任务为载体，通过"任务目标""任务描述""知识链接""任务练习""任务拓展"等板块，促进"做中教，做中学"的落实，达到"教、学、做"三位一体的目标。

本书主要为中等职业学校电类专业参考书编写，适用非机类各专业，同时也可作为企业的培训教材，还可作为机械类初学者的学习参考书。

版权专有　侵权必究

图书在版编目（CIP）数据

机械常识与钳工技能/王琳主编. —北京：北京理工大学出版社，2023.7重印

ISBN 978-7-5763-0448-0

Ⅰ.①机… Ⅱ.①王… Ⅲ.①械学—高等职业教育—教材②钳工—高等职业教育—教材 Ⅳ.① TH11 ② TG9

中国版本图书馆 CIP 数据核字（2021）第 200124 号

出版发行 / 北京理工大学出版社有限责任公司	
社　　址 / 北京市海淀区中关村南大街 5 号	
邮　　编 / 100081	
电　　话 / （010）68914775（总编室）	
（010）82562903（教材售后服务热线）	
（010）68944723（其他图书服务热线）	
网　　址 / http://www.bitpress.com.cn	
经　　销 / 全国各地新华书店	
印　　刷 / 定州市新华印刷有限公司	
开　　本 / 889 毫米 × 1194 毫米　1/16	
印　　张 / 15.75	责任编辑 / 陆世立
字　　数 / 315 千字	文案编辑 / 陆世立
版　　次 / 2023 年 7 月第 1 版第 2 次印刷	责任校对 / 周瑞红
定　　价 / 44.00 元	责任印制 / 边心超

图书出现印装质量问题，请拨打售后服务热线，本社负责调换

前言

党的二十大提出："建设现代化产业体系。坚持把发展经济的着力点放在实体经济上，推进新型工业化，加快建设制造强国、质量强国、航天强国、交通强国、网络强国、数字中国。"本教材贯彻落实二十大精神，服务于中等职业教育的教学内容、教学方法改革，为建设现代化产业体系，推进新型工业化，加快建设制造强国而培养高素质技能型人才。本教材以职业学校培养高素质技能型人才培养目标为出发点，以突出应用性、实践性为目的，结合编者多年的教学经验与教学改革实践经验，同时参考同行的意见编制而成。

本教材涉及机械方面的基本理论知识和基本技能，理论知识主要涉及机械传动和工程材料部分，基本技能为机械识图和钳工技能。在编写过程中，突出以下几点：

1. 充分考虑学生特点，注重学生实际情况。针对中职学生的实际情况，本书在编写时，以介绍机械的基本知识为主，理论的表达言简意赅，做到深入浅出。减少理论性的论述、论证，加强结论性、应用性内容的表述。

2. 版式生动，图文并茂，贴近中职学生阅读习惯。从实际出发，理论联系实际，举出实例，大量采用图表，做到图文并茂，通俗易懂，便于自学和教学，培养学生分析问题和解决问题的能力。

3. 采用项目任务编写法。本教材四个项目，每个项目基本独立，各学校可以根据自己的实际情况选择教学顺序和内容。

4. 教材反映新标准。识读机械图样为机械制图内容，与制图国家标准关系密切，本部分采用了现行"机械制图"和"技术制图"最新国家标准，及时体现制图国家标准的变化发展。

5. 体现新技术、新材料。体现一些新技术、新材料，比如三坐标测量仪、航空航天材料等，并在附录中收入技能大赛的样题。

6. 融入思政元素，坚持立德树人的育人理念。党的二十大明确提出："实施科教兴国战略，强化现代化建设人才支撑。"因此，教材本着"为党育人、为国育才"的理念，有机地融入社会主义核心价值观，结合实例体现劳动精神、创新精神、工匠精神、奋斗精神，培养学生的家国情怀和使命担当。例如，以历史文物为载体介绍工程材料，体现中华的文明历史和文化自信；通过不折不扣地完成任务、贯彻国标来培养学生认真、严谨、一丝不苟的工匠精神；以介绍国产大飞机的首席钳工胡双钱为载体，将爱国情怀、工匠精神融入教材中。

本教材由江苏省连云港工贸高等职业技术学校王琳任主编，江苏省连云港工贸高等职业技术学校王志慧、四川省珙县职业技术学校谢远波、连云港港口集团唐艳任副主编，江苏省连云港工贸高等职业技术学校杨鹏飞、李燕飞和江苏省赣榆中等专业学校单霞参与编写。具体分工如下：项目二及其工作页由王琳编写，项目一及其工作页由王志慧编写；前言、绪论、项目四任务一及其工作页由谢远波编写；项目三及其工作页由杨鹏飞编写；项目四任务二、三、四及其工作页由李燕飞编写；附录由单霞编写；唐艳对本书的任务安排等提出建设性意见，对教材的思政进行整体的规划及凝练，且对工作任务进行筛选打磨。全书的统稿由王琳完成。

本教材在编写过程中，参考了许多相关的教材和有关手册，为了行文方便，不便一一注明。书后所附参考文献是本书重点参考的书目。在此，特向在本教材中引用和参考的已注明和未注明的教材、专著、报刊、文章的编著者和作者表示诚挚的谢意。

本教材虽经几次修改，但由于编者能力所限，不足之处在所难免，敬请专家读者批评指正。

教材导读

建议本教材教学过程中采取"教学+工作页任务+任务练习"，同时辅助课前、课后自主学习的模式进行。具体教学组织可以参考表《〈机械常识与钳工技能〉教材教学组织实施导程表》实施。

《机械常识与钳工技能》教材教学组织实施导程表

项目序列	学生课堂工作任务	课堂教学任务	参考学时
绪论	认识机器等术语	1. 机器的组成及功能； 2. 机构、构件、零件	2
项目一 识读机械图样	任务一 机械识图基本知识的认知	1. 国家标准《技术制图》《机械制图》中有关图纸幅面、图框格式、比例、字体、图线类型与应用等规定； 2. 常用的绘图工具； 3. 国家标准中有关尺寸注法； 4. 三视图的投影原理	10
	任务二 机械图样的表达	1. 基本视图、向视图、局部视图、斜视图； 2. 剖视图； 3. 断面图	10
	任务三 零件图的识读	1. 尺寸公差； 2. 几何公差； 3. 表面结构； 4. 标准件常用件的规定画法； 5. 零件图内容和读图步骤	10

续表

项目序列	学生课堂工作任务	课堂教学任务	参考学时
项目二 认识常用机械传动	任务一 认识带传动和链传动	1. 带传动的类型和应用特点； 2. 链传动的常用类型、工作原理； 3. 传动比	2
	任务二 认识螺旋传动	1. 螺纹基本要素； 2. 螺纹类型； 3. 螺旋传动的类型和特点； 4. 螺旋传动的应用	2
	任务三 认识齿轮传动和蜗杆传动	1. 齿轮传动的种类、特点； 2. 齿轮传动的传动比； 3. 蜗杆传动	4
	任务四 机械润滑与密封	1. 润滑的作用； 2. 润滑剂及选用； 3. 常用机械零部件的润滑举例； 4. 常用的密封装置及其特点	2
项目三 用钳工基本技能制作工件	任务一 认识钳工的工作环境	1. 钳工常用工具简介； 2. 钳工常用工具使用注意事项； 3. 钳工常用量具简介； 4. 常用量具的使用； 5. 钳工常用设备常识	4
	任务二 学习划线基本知识与技能	1. 划线的作用及种类； 2. 常用划线工具及其正确使用方法； 3. 划线基准的确定； 4. 划线操作要点	6
	任务三 制作凹凸件	1. 工量具知识； 2. 相关知识	8
	任务四 制作六角螺母	1. 万能分度头的工作原理； 2. 万能角度尺的结构与读数； 3. 锪孔	8
	任务五 认识三坐标测量仪	认识三坐标测量仪	4

续表

项目序列	学生课堂工作任务	课堂教学任务	参考学时
项目四 认识常用工程材料	任务一 常用金属材料的种类及其性能概述	1. 金属材料的分类； 2. 金属材料的性质； 3. 金属材料的具体性能	4
	任务二 认识黑色金属	1. 钢的分类； 2. 钢的编号	4
	任务三 认识有色金属	1. 铝及铝合金； 2. 铜及铜合金； 3. 镁及镁合金	4
	任务四 认识工程塑料	1. 通用工程塑料的性能及用途：PA、PC、POM、PBT、PPO； 2. 特种工程塑料的性能及用途：PPS、PSF、PASF、PES、PBA、PPTA、PI、PMMI、PAI、PAMB、PEI、PEEK	4

工作任务页配合课堂教学，可以利用工作页引导教学。通过任务练习加以巩固，做到"做中学，学中练，学练结合"。

本教材理论知识主要涉及机械传动和工程材料部分，基本技能为机械识图和钳工技能，建议用88~90学时完成，学时相对比较紧，部分的内容需要学生课前、课后通过自主学习去完成。工作页部分集中到教材的最后，形成独立的一部分，方便教学和课后练习使用。

课程思政教学设计

习近平总书记强调："要坚持把立德树人作为中心环节，把思想政治工作贯穿教育教学全过程，实现全程育人、全方位育人。""机械常识与钳工技能"课程作为装备制造类专业人才培育的重要环节，基础性强、技术性强、实践性强，备受学生青睐，对学生的职业生涯规划、价值观念树立等都有着潜移默化的影响。教材对与课程相关的思政元素进行了挖掘凝练，形成了"机械常识与钳工技能"课程思政设计案例，希望教师能够将理论教学内容与实训教学内容结合，将"文化自信、工匠精神、创新精神、理想信念、社会主义核心价值观"等落实、落细于任务教学过程中，使学生通过"机械常识与钳工技能"教学环节的学习，将技能习得与价值观的形成相互融合，职业技能和职业精神培养相互促进，将学习成才和健康成长相互统一。在任务实施过程中，建议教师通过言传身教，将以劳动最光荣、劳动有价值、劳动塑品格，及细节决定成败、精益求精、严谨专注、持续创新等为核心的工匠精神的追求和体现，潜移默化地融于训练过程，实现润物无声的思政育人效果。

一、课程思政重点关注学生职业素养的培养

针对装备制造类专业特点与学生将来从事的工作，注重开展工程伦理教育，培养学生的工匠精神、家国情怀和使命担当。结合"机械常识与钳工技能"课程特点，在各个教学环节无缝融入课程思政元素，重点培养学生以下职业素养。

1. 守纪律、讲规矩、明底线、知敬畏。
2. 安全无小事，增强安全观念，遵守组织纪律。
3. 培养学生的质量和经济意识。
4. 领悟吃苦耐劳、精益求精等工匠精神的实质。
5. 培养动手、动脑和勇于创新的积极性。
6. 培养学生耐心、专注的意志力。
7. 培养安全与环保责任意识。
8. 培养学生严谨求实、认真负责、踏实敬业的工作态度。
9. 培养家国情怀，坚守职业道德和社会主义核心价值观。

二、融入"课程思政"教学内容

课程思政案例视频资源如下表所示，教师可以根据教学引入环节选取恰当的案例，案例

宜精不宜多，重在入脑入心，落到行动上，通过案例激发学生的学习积极性、主动性，培养学生爱国敬业情怀、大国工匠精神。

思政视频资源列表

序号	项目	文档或视频名称	文档或视频	备注
1	绪论	1. 笔耕不辍，报国不息——我国机械史学科奠基人刘仙洲 2. 动力澎湃·绿色的脉动		
2	项目一	赵学田：科普先锋，杏坛楷模		
3	项目二	1. 动力澎湃·重装夺巧工 2. 大国工匠·李刚：盾构刀手		
4	项目三	大国工匠·管延安：深海钳工		
5	项目四	大国工匠·孙刚：铸造大国新材，诠释工匠精神		

目录

绪论 ··· 1

项目一　识读机械图样 ··· 7
　任务一　机械识图基本知识的认知 ··· 7
　任务二　机械图样的表达 ··· 23
　任务三　零件图的识读 ··· 38

项目二　认识常用机械传动 ··· 53
　任务一　认识带传动和链传动 ··· 53
　任务二　认识螺旋传动 ··· 61
　任务三　认识齿轮传动和蜗杆传动 ··· 69
　任务四　机械润滑与密封 ··· 75

项目三　用钳工基本技能制作工件 ··· 84
　任务一　认识钳工的工作环境 ··· 85
　任务二　学习划线基本知识与技能 ··· 96
　任务三　制作凹凸件 ··· 102
　任务四　制作六角螺母 ··· 114
　任务五　认识三坐标测量仪 ··· 121

项目四　认识常用工程材料 ··· 125
　任务一　常用金属材料的种类及其性能概述 ··· 126
　任务二　认识黑色金属 ··· 134
　任务三　认识有色金属 ··· 144
　任务四　认识工程塑料 ··· 156

附录 ··· 174
　附表1　2016年江苏省职业学校技能大赛样题——装配钳工图纸 ··· 174
　附表2　2016年江苏省职业学校技能大赛装配钳工项目评分记录表 ··· 180

附表3　普通螺纹直径与螺距、基本尺寸（摘自 GB/T 193—2003 和 GB/T 196—2003） ………………………………………………………… 182

附表4　梯形螺纹直径与螺距系列、基本尺寸（摘自 GB/T 5796.2—2005、GB/T 5796.3—2005、GB/T 57969.4—2005） …………………………… 183

附表5　管螺纹尺寸代号及基本尺寸（摘自 GB/T 7307—2001　55°非密封管螺纹） …… 184

附表6　滚动轴承 …………………………………………………………………… 185

附表7　标准公差数值（GB/T1800.2—2020）摘编 ……………………………… 186

附表8　孔的极限偏差（基本偏差 H）（摘自 GB/T 1800.2—2020） …………… 187

附表9　孔的极限偏差（基本偏差 EF 和 F）（摘自 GB/T 1800.2—2020） ……… 188

附表10　轴的极限偏差（基本偏差 f 和 fg）（摘自 GB/T 1800.2—2020） ……… 189

附表11　轴的极限偏差（基本偏差 g）（摘自 GB/T 1800.2—2020） …………… 190

附表12　轴的极限偏差（基本偏差 h）（摘自 GB/T 1800.2—2020） …………… 191

参考文献 ……………………………………………………………………………… 192

绪论

机械工业素有"工业的心脏"之称。它是其他经济部门的生产手段，也是一切经济部门发展的基础。它的发展水平是衡量一个国家工业化程度的重要标志。

任务目标

了解机器的组成及功能；

知道机构、构件、零件之间的联系及区别；

了解机器、机械和机构的区别。

任务描述

如图0-1、图0-2、图0-3、图0-4所示的设备，它们都是由各种金属和非金属部件组装而成的装置，可以运转，也可以用来代替人的劳动、实现能量变换或产生有用功。它们都属于机器。

图0-1　汽车

图0-2　焊接机器人

图0-3　飞机

图0-4　数控铣床

知识链接

一、机械

机械是指机器与机构的总称。机械就是能帮人们降低工作难度或省力的工具装置，像筷子、扫帚以及镊子一类的物品都可以被称为机械，它们是简单机械。而复杂机械就是由两种或两种以上的简单机械构成。通常把这些比较复杂的机械叫做机器。机构指两个或两个以上构件通过活动连接形成的构件系统。从结构和运动的观点来看，机构和机器并无区别，泛称为机械。

装配成机器的每一个制件称为零件。机构中每一个独立的运动单元体称为一个构件。

概括地说，机器一般是由机构组成，机构是由构件组成，构件又由零件组成，一般常以机械这个词作为机构和机器的通称。

机器与机构、零件与构件的情况对比见表0-1。

表0-1　机器与机构、零件与构件对比表

名称	概念	特征	功用	举例
机器	根据使用要求而设计制造的一种执行机械运动的装置，变换或传递能量、物料与信息，代替或者减轻人的体力和脑力劳动	（1）是人为的实物（构件）组合体 （2）各运动实体之间具有确定的相对运动 （3）实现能量转换或完成有用的机械功	利用机械能做工或者实现能量转换	电动机、机床、计算机等
机构	具有确定相对运动的构件的组合	具有机器特征中的前两条，第三条不具备	传递或转换运动或实现特定的运动形式	齿轮机构、带传动等
零件	机器及各种设备的基本组成单元	零件是机械制造的单元，也是机械组成的最小单元，它具有不可拆分性		螺母、螺栓等
构件	机构中的运动单元体	运动单元。构件可以是一个独立的零件，也可以是若干个零件组成	组成机构的独立运动单元	齿轮

二、机器的组成

机器的组成通常包括动力部分、传动部分、执行部分、控制部分。比如洗衣机：带传动为传动部分，电动机为动力部分，波轮为执行部分，控制面板为控制部分。机器组成各部分的作用和举例见表0-2所示。

表 0-2　机器的组成

组成部分	作用	应用举例
动力部分	给机械系统提供动力、实现能量转换的部分	电动机、内燃机、液压马达
传动部分	将动力机的动力和运动传递给执行系统的中间装置	齿轮传动、带传动等
执行部分	利用机械能来改变作业对象的性质、状态、形状或位置，或对作业对象进行检测、度量等以进行生产或达到其他预定要求的装置	机床的主轴、拖板等
控制部分	使动力系统、传动系统、执行系统彼此协调运行，并准确可靠地完成整机功能的装置	数控机床的控制装置等

机器按用途可分为以下两大类：

（1）发动机。是将非机械能转换成机械能的机器，如电动机、内燃机、空压机等。

（2）工作机。是利用机械能来做有用功的机器，用以改变被加工物料的位置、形状、性能、尺寸和状态，如车床、汽车等。

三、机械产品加工过程

我们常见的齿轮、轴等一些零件是如何加工的呢？

机械产品制造时，将原材料转化为成品的所有劳动过程，称为生产过程。制造任何一种产品（机器或者零件）都有各自的生产过程。对于机器而言，其生产过程包括：

（1）生产技术准备过程，这一过程完成产品投入生产前的各项生产和技术准备。如产品设计、工艺规程的编制和专用工装设备的设计与制造，各种生产资料的准备和生产组织等方面的工作。

（2）毛坯的制造过程。如铸造、锻造和冲压等。

（3）原材料以及半成品的运输和保管。

（4）零件的机械加工、焊接、热处理和其他表面处理。

（5）部件和产品的装配过程。这一过程包括组装、部装和总装等。

（6）产品的检验、调试、油漆和包装等。

机械加工一般分为冷加工、热加工和其他加工工种三大类。表 0-3 所列为常见的几种冷加工方法。

表 0-3　机械加工工种

工种	图片	说明
车		用车床加工工件。 车床的种类型号很多，按其用途、结构可分为：仪表车床、卧式车床、单轴自动车床、多轴自动和半自动车床、转塔车床、立式车床、多刀半自动车床、专门化车床等。近年来，计算机技术被广泛运用到机床制造业，出现了数控车床、车削加工中心等机电一体化的产品
铣		用铣床加工工件。 铣床有台式铣床、悬臂式铣床、滑枕式铣床、龙门式铣床、平面铣床、仿形铣床等
刨		指用刨刀加工工件表面。刀具与工件做相对直线运动进行加工，主要用于各种平面与沟槽加工，也可用于直线成形面的加工。这类加工机床有悬臂刨床、龙门刨床、牛头刨床等
磨		指用磨具或磨料加工工件表面。一般对零件硬表面做磨削加工。通常，磨具旋转为主运动，工件或磨具的移动为进给运动，其应用广泛、加工精度高、表面粗糙度 Ra 值小。磨床可分为十余种，有外圆磨床、内圆磨床、坐标磨床、无心磨床、平面磨床、珩磨机、研磨机、导轨磨床、工具磨床、多用磨床、专用磨床等

续表

工种	图片	说明
钻		指主要用钻头在工件上加工孔。这类加工的机床有台式钻床、立式钻床、摇臂钻床、铣钻床、深孔钻床、卧式钻床等
钳	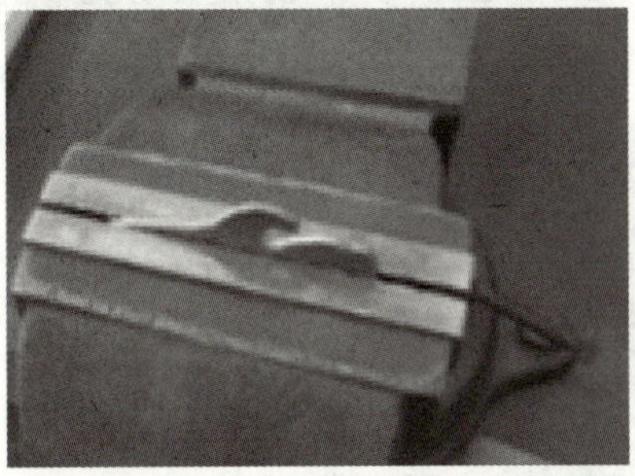	钳工是使用钳工工具或者钻床对工件进行加工、修整和装配的工种。钳工工种包括装配钳工、修理钳工、模具钳工。钳工工作包括：划线、测量、錾削、锯削、锉削、刮研、研磨、钻孔、攻丝和套扣等

❖ **任务练习**

1. 填空题

（1）机器按用途可分为＿＿＿＿和＿＿＿＿。

（2）一台完整的机器通常由＿＿＿＿、＿＿＿＿、＿＿＿＿及＿＿＿＿部分组成。

（3）机器和机构总称为＿＿＿＿。

（4）构件是机构中的＿＿＿＿。

（5）机器和机构的本质区别是＿＿＿＿＿＿＿＿＿＿。

（6）构件与零件的本质区别是：构件是＿＿＿＿单元，零件是＿＿＿＿单元。

2. 简答题

（1）简述机构与机器的区别与联系。

（2）机器由哪几个部分组成？请以汽车为例加以说明。

（3）想一想，我们生活中用的石磨、自行车是机器还是机构？

❖ **任务拓展**

<u>阅读材料——记里鼓车</u>

1. 记里鼓车简介

记里鼓车，又称记里车、大章车，中国古代用来记录车辆行过距离的马车，构造与指南车相似，车有上下两层，每层各有木制机械人，手执木槌。下层木人打鼓，车每行一里路，敲鼓一下；上层机械人敲打铃铛，车每行十里，敲打铃铛一次，如图 0-5 所示的记里鼓车为现代仿制品。

2. 记里鼓车的构造

《宋史》记载内侍卢道隆所奏的记里鼓车构造：记里鼓车有一辕、双轮，车身分上下两层，每一层都有一个手持木槌的木头人。左右两个着地车轮，称为足轮，直径各 6 尺，周长 18 尺（按圆周率 3 计算）。按古代标准，一步等于 6 尺，足轮转一周等于车行 3 步，一里合 300 步，即 300×6＝1 800 尺，足轮转移 100 周合一里。按宋制，一步较小，等于 5 尺，一里合 360 步，仍是 1 800 尺，轮转 100 次合一里。

古代计程车
——记里鼓车

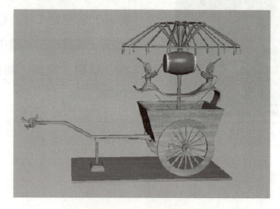

图 0-5　记里鼓车

马匹拉记里鼓车向前行走，带动足轮转动。足轮的转动靠一套互相咬合的齿轮传给敲鼓木人。传动齿轮的构造如下：在左边一个足车轮的内侧，安装一个木质母齿轮，母齿轮直径 1.38 尺，周长 4.14 尺，木齿轮带 18 齿，齿距 0.23 尺。车下安装一个与地面平行的传动齿轮，和母齿轮咬合，传动齿轮的直径 4.14 尺，圆周 12.42 尺，出 54 齿，齿距 2.3 寸，和母齿轮的齿距相同。传动轮中心的传动轴，穿入记里鼓车的第一层。传动轴的上端，安装一个铜质旋风轮，出三齿，齿距 1.2 寸。和旋风轮咬合的，是一个直径 4 尺，圆周 12 尺的水平轮，出 100 齿，齿距和旋风轮的齿距相同。水平轮转轴上端安装一个小平轮，直径 3.33 寸，圆周 1 尺，出 10 齿。齿距 1 寸。一个直径 3.33 尺的大平轮，圆周 10 尺，出 100 齿，齿距 1 寸，和小平轮咬合。整个记里鼓车联足轮在内共八轮，其中 6 个齿轮，构成一套百分之一和千分之一的减速齿轮系。记里鼓车一共有 285 齿，卢道隆特别指出，齿的轮廓，应当仿效鱼类的牙齿，有弧形的曲线。

记里鼓车在天子出巡的仪仗队列中，排列第二，在指南车之后；排在记里鼓车之后还有白鹭车、鸾旗车、耕根车、四望车、羊车、画轮车、鼓吹车、象车、豹尾车等各种仪仗车。

1936 年，北平研究院研究员王振铎，根据古代文献记载，复原汉代记里鼓车。此模型现藏中国国家博物馆。

项目一

识读机械图样

知识树

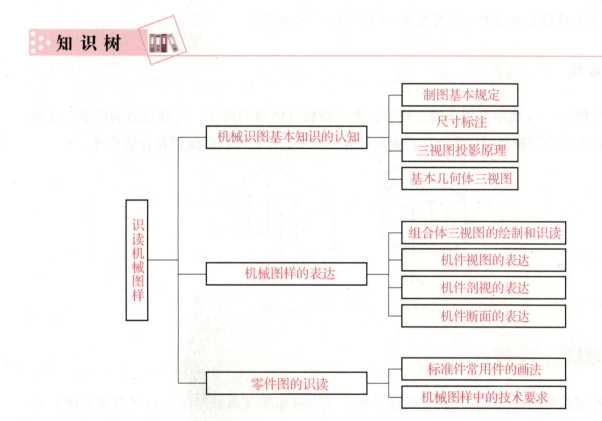

任务一 机械识图基本知识的认知

在机器及零部件的生产中,设计者要将自己的设计思想表达清楚,载体就是图纸,加工制造者以及安装调试者,均根据图纸所表达的要求来做。在这一系列的过程中,图样成了媒介,是工程界的通用语言,作为技术人员,必须掌握这门语言。

作为工程界的通用语言,必须遵守一定的规则。因此,为了能够准确地绘制和识读图纸,技术人员必须熟悉有关的标准和规定。

任务目标

1. 熟悉国家标准《技术制图》《机械制图》中有关图纸幅面、图框格式、比例、字体、图线类型与应用等规定；
2. 正确使用绘图工具和仪器；
3. 正确理解和使用国家标准中有关尺寸注法；
4. 掌握三视图的投影原理和绘图方法；
5. 通过本任务的学习，初步具有查阅制图标准和手册的能力，养成绘制图样时贯彻国家标准的习惯；
6. 初步养成认真负责的工作态度和一丝不苟的工作作风。

任务描述

绘制如图 1-1-1 所示立体图的三视图，要求根据立体图的尺寸，选择合适的图纸、比例等，三视图要符合国家制图标准的有关规定和应用要求，比如图线的使用符合规范等。

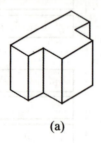 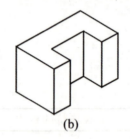

(a)　　　　　　(b)

图 1-1-1　绘制立体的三视图

知识链接

为了准确绘制和识读机械图样，必须掌握有关国家标准《机械制图》和《技术制图》中关于绘图标准和绘图基本技能的相关知识。

一、制图基本规定

1. 图纸的幅面及格式（GB/T 14689—2008《技术制图 图纸幅面和格式》）

国家标准代号如图 1-1-2 所示。

图纸幅面大小有 5 种，如图 1-1-3 所示。

图样中图框分内外两框：外框表示图纸边界，用细实线绘制，尺寸为：$B×L$；内框表示绘图区域，用粗实线绘制。

图纸幅面及图框尺寸应符合表 1-1-1 的规定，必要时，允许加长幅面，但加长后幅面的尺寸必须是由基本幅面的短边成整数倍增加而得到。

图框格式分为留装订边图纸和不留装订边两种，如图 1-1-4、图 1-1-5 所示。但同一产品的图样只能采用一种格式。幅面尺寸和图框尺寸按表 1-1-1 的规定。

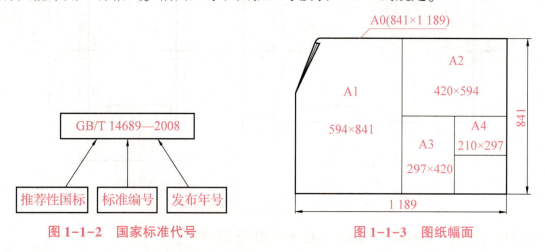

图 1-1-2　国家标准代号　　　　　图 1-1-3　图纸幅面

表 1-1-1　基本幅面尺寸和图框尺寸

幅面代号	A0	A1	A2	A3	A4
$B×L$	841×1 189	594×841	420×594	297×420	210×297
a	25				
c	10			5	
e	20			10	

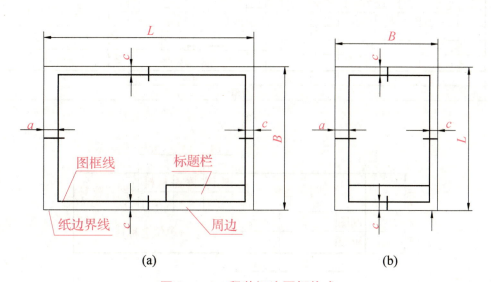

(a)　　　　　　　　　　　　(b)

图 1-1-4　留装订边图框格式

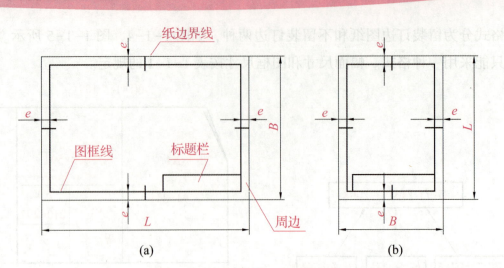

图 1-1-5 不留装订边图框格式

2. 标题栏（GB/T 10609.1—2008《技术制图 标题栏》）

标题栏应按 GB/T 14689—2008 所规定的位置配置。如图 1-1-4、图 1-1-5 所示。

为使绘制的图样便于管理及查阅。每张图都必须有标题栏。通常，标题栏应位于图框的右下角。看图方向应与标题栏的方向一致。

在国标（GB/T 10609.1—2008）中推荐的标题栏格式如图 1-1-6（a）所示。学生在制图作业中常用简化的标题栏格式如图 1-1-6（b）所示。

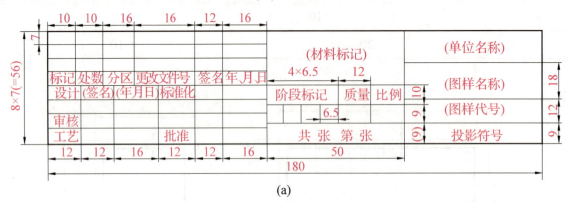

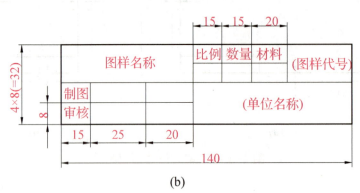

图 1-1-6 标题栏格式

3. 比例（GB/T 14690—2008《技术制图 比例》）

比例是指图中图形与其实物相应要素的线性尺寸之比。

比例分为原值、缩小、放大三种。画图时，应尽量采用 1∶1 的比例画图。必要时也可选用其他比例画图，但所用比例应符合表 1-1-2 中规定的系列。

不论采用缩小或放大比例绘图，在图样上标注的尺寸均为机件设计要求的尺寸，而与比例无关，如图 1-1-7 所示。

比例一般应注写在标题栏中的比例栏内。必要时，可在视图名称的下方或右侧注写比例。

表 1-1-2 绘图比例

种类	第 1 系列	第 2 系列
原值比例	1 : 1	
放大比例	5 : 1 2 : 1 5×10^n : 1 2×10^n : 1 1×10^n : 1	4 : 1 2.5 : 1 4×10^n : 1 2.5×10^n : 1
缩小比例	1 : 2 1 : 5 1 : 10 1 : 2×10^n 1 : 5×10^n 1 : 1×10^n	1 : 1.5 1 : 2.5 1 : 3 1 : 4 1 : 6 1 : 1.5×10^n 1 : 2.5×10^n 1 : 4×10^n 1 : 6×10^n

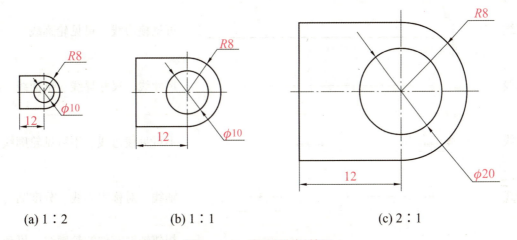

(a) 1 : 2　　　　(b) 1 : 1　　　　(c) 2 : 1

图 1-1-7 不同比例效果

4. 字体（GB/T 14691—1993《技术制图 字体》）

机械图样中，汉字要写成长仿宋体，并采用国家正式公布推行的简化字。要求做到：字体端正，笔画清楚，排列整齐，间隔均匀。

字体的号数即为字体的高度 h，以毫米为单位，其公称尺寸系列为：1.8、2.5、3.5、5、7、10、14、20 共 8 种。如果需要更大的字，则字高应按 $\sqrt{2}$ 的比率递增。汉字的高度不应小于 3.5 mm，高/宽=3/2。数字及字母分 A 型和 B 型，A 型字体的笔画宽度为字高的 1/14，B 型字体的笔画宽度为字高的 1/10。

数字和字母可写成直体或斜体。写成斜体字时，向右倾斜，与水平线成 75°角。

汉字、数字和字母书写示例如图 1-1-8 所示。

字体工整笔画清楚间隔均匀排列整齐

ABCDEFGHIJKLMNOPQRSTUVWXYZ

abcdefghijklmnopqrstuvwxyz

图 1-1-8　汉字、数字、字母示例

5. 图线（GB/T 4457.4—2002《机械制图 图样画法 图线》）

在绘制图样时，用不同的图线来表达不同的含义。常用的图线名称、线型、线宽和用途见表 1-1-3。

表 1-1-3　常用图线

线型名称	线　型	主　要　用　途
粗实线	——————————— (d)	可见棱边线、可见轮廓线
细实线	———————————	尺寸线、尺寸界线、剖面线、指引线
细虚线	- - - - - - - - (2~6, 1~2)	不可见棱边线、不可见轮廓线
点画线	—·—·—·—·— (10~25, 2~3)	轴线、对称中心线、分度圆（线）
细双点画线	—··—··—··— (10~20, 3~4)	相邻辅助零件的轮廓线、可动零件的极限位置的轮廓线
波浪线	～～～～～	断裂处边界线；视图与剖视图的分界线
双折线	⌐⌐⌐⌐ (7.5d, 1.4d, 20~40)	断裂处边界线

图线可分为粗、细两种，细线与粗线宽度比为 1/2。绘制图线时，应该注意以下几点：

（1）在同一图样中，同类图线的宽度应基本一致。虚线、点画线及双点画线的线段长度和间隔应大致相等。

（2）两条平行线（包括剖面线）之间的最小距离不得小于 0.7 mm。

（3）轴线、对称中心线用的点画线，应超出轮廓线 2~5 mm，如图 1-1-9（a）所示。

（4）点画线、虚线和其他图线相交时，都应在线段处相交，不应在空隙或短划处相交，如图 1-1-9（b）。

（5）在较小的图形上绘制点画线有困难时，可用细实线代替。

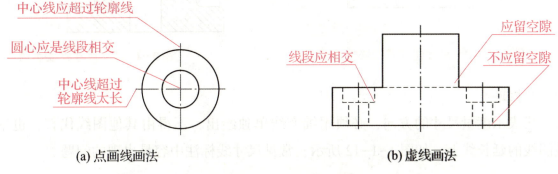

图 1-1-9　图线画法示例

二、尺寸标注（GB/T 4458.4—2003）《机械制图 尺寸注法》

在图样中，除需要表达机件的结构形状外，还需要标尺寸，以确定机件的大小。

1. 基本规则

（1）零件的真实大小应以图样上所注的尺寸数值为依据，与图形的大小及绘图的准确度无关。

（2）图中的尺寸以毫米为单位时不需标注计量单位的代号或名称，如采用其他单位，则必须注明相应计量单位的代号或名称。

（3）图样中所标注的尺寸，为该图样所示机件的最后完工尺寸，否则应另加说明。

（4）机件的每一尺寸，在图样上一般只标注一次，并标注在反映该结构最清晰的图形上。

2. 尺寸的组成

一个完整的尺寸是由尺寸界线、尺寸线和尺寸数字组成。如图 1-1-10 示。

1）尺寸界线

尺寸界线表示所注尺寸的范围，一般用细实线绘出，并由图形的轮廓线、轴线或对称中心线处引出，也可利用轮廓线、轴线或中心线作为尺寸界线。

尺寸界线应与尺寸线垂直，并超出尺寸线的终端 2 mm 左右，必要时才允许倾斜，如图 1-1-10 和图 1-1-11 所示。

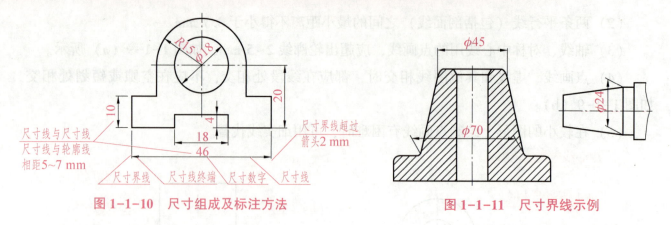

图 1-1-10 尺寸组成及标注方法　　　　图 1-1-11 尺寸界线示例

2) 尺寸线

尺寸线表示度量尺寸的方向，必须用细实线单独绘出，不得由其他图线代替，也不得画在其他图线的延长线上。如图 1-1-12 所示，常见尺寸线标注中容易出现的问题。

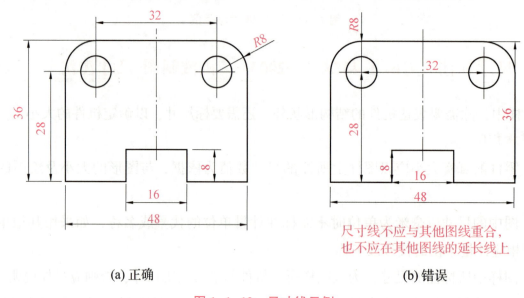

(a) 正确　　　　　　　　　　　　(b) 错误

图 1-1-12 尺寸线示例

尺寸线终端有两种形式：箭头和斜线，如图 1-1-13 所示。图 1-1-13（a）中的 b 为粗实线的宽度；斜线用细实线绘制，图 1-1-13（b）图中的 h 为字体高度。机械图形中一般采用箭头作为尺寸线的终端，箭头的尖端与尺寸界线接触，箭头大小要一致。当尺寸线的终端采用斜线形式时，尺寸线与尺寸界线必须相互垂直。

3) 尺寸数字

尺寸数字表示尺寸的大小。尺寸数字不能被任何图线通过，否则应将该图线断开。

线性尺寸数字一般注写在尺寸线的上方，也允许注写在尺寸线的中断处，字头朝上；垂直方向的尺寸数值应注写在尺寸线的左侧，字头朝左；倾斜方向的尺寸数字，应保持字头向上的趋势。线性尺寸数字的方向一般应按图 1-1-14 示的方法注写。

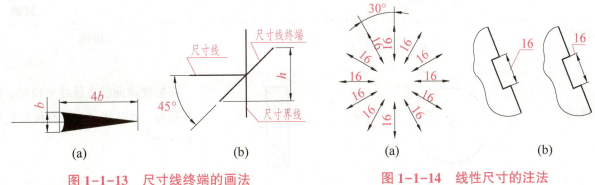

| | (a) | | (b) | | (a) | (b) |

图 1-1-13 尺寸线终端的画法　　　　图 1-1-14 线性尺寸的注法

4）尺寸注法示例

表 1-1-4 列出了国标规定的一些尺寸注法。

表 1-1-4 常用尺寸标注示例

内容	示例	说明
圆的尺寸	（图示：φ20，φ30，φ24）	在标注直径时，应在尺寸数字前加注符号"φ"（通常对于小于或等于半圆的圆弧注半径，对大于半圆的圆弧则注直径）
圆弧尺寸	（图示：R30，R24，R10）	标注半径时，应在尺寸数字前加注符号"R"
大圆弧尺寸	（图示：R80 (a)，R64 (b)）	当圆弧的半径过大或在图纸范围内无法标注出其圆心位置时，可按图（a）标注。若不需要标注出其圆心位置时，可按图（b）标注
角度尺寸	（图示：65°，90°，20°，5°）	尺寸界线应沿径向引出，尺寸线画成圆弧，圆心为角的顶点。尺寸数字一律水平书写

续表

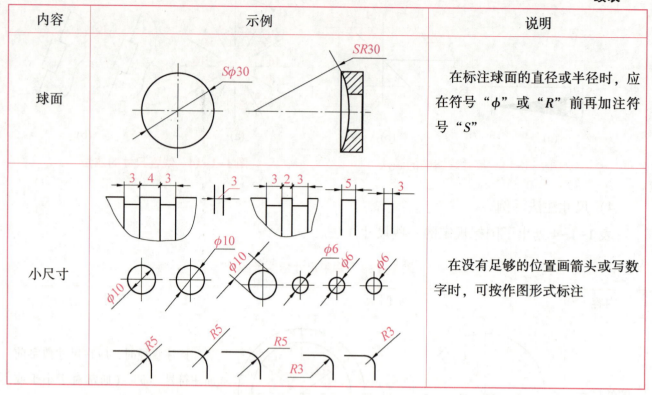

课堂练习： 标注如图 1-1-15 所示平面图形的尺寸。

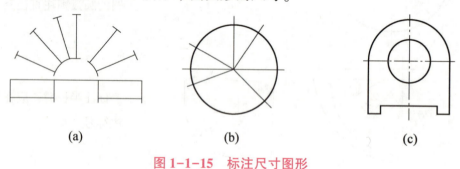

图 1-1-15　标注尺寸图形

三、三视图投影原理

在绘制工程图样时，通常采用投影法。所谓投影法，就是用投影的方法获得图样。在日常生活中，人们常见到当物体受到光线照射时，在物体背光一面的地上或墙上就会投下该物体的影子，这就是投影。

1. 正投影

投影法一般分为两类：中心投影法和平行投影法。平行投影法又分为斜投影和正投影。如图 1-1-16 所示。

正投影法能够表达物体的真实形状和大小，作图方法也较简单，所以广泛用于绘制机械图样。

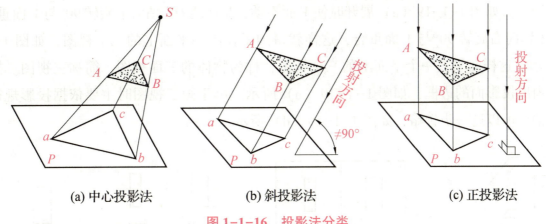

(a) 中心投影法　　　　　(b) 斜投影法　　　　　(c) 正投影法

图 1-1-16　投影法分类

2. 三视图的形成及投影规律

通常假设人的视线为一组平行且垂直于投影面的投影线,这样在投影面上所得到的投影称为视图。

1) 三投影面体系

一般情况下,一个视图不能确定物体的形状,如图 1-1-17 所示,两个形状不同的物体,它们在投影面上的投影都相同。因此,要反映物体的完整形状,必须增加由不同投影方向所得到的几个视图,互相补充,才能将物体表达清楚。工程上常见的是三视图。

如图 1-1-18 所示,由三个互相垂直的投影面所组成三投影面体系。

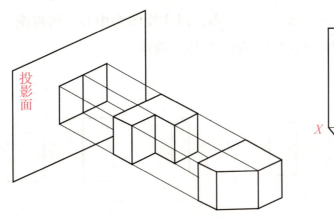

图 1-1-17　一个视图不能确定物体的形状

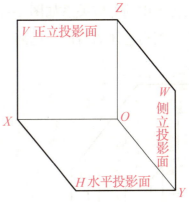

图 1-1-18　三投影面体系

2) 三视图的形成

将物体放在三投影面体系中,物体的位置处在人与投影面之间,然后将物体对各个投影面进行投影,得到三个视图,这样就把物体的长、宽、高三个方向的尺寸,上下、左右、前后六个方位的形状表达出来,如图 1-1-19 (a) 所示。三个视图分别分:

主视图:从前向后进行投影,在正立投影面(V 面)上所得到的视图。

俯视图:从上向下进行投影,在水平投影面(H 面)上所得到的视图。

左视图:从左向右进行投影,在侧立投影面(W 面)上所得到的视图。

在实际作图中,为了把空间的三个视图画在同一个平面(纸面)上,就必须把三个投影面展开摊平。如图1-1-19（a）展开时使 V 面不动，H 面绕 OX 轴向下旋转90°与 V 面重合，W 面绕 OZ 轴向右旋转90°与 V 面重合，这样就得到了在同一平面上的三个视图，如图1-1-19（b）所示。这样摊平在一个平面上的三个视图，称为物体的三面视图，简称三视图。投影图中不必画出投影面的边框，如图1-1-19（c）所示。由于画三视图时主要依据投影规律，所以投影轴也可以进一步省略，如图1-1-19（d）所示。

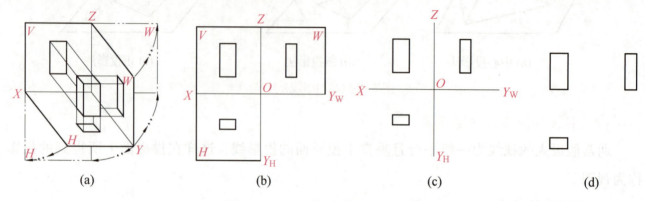

图1-1-19　三视图的形成及展开

3）三视图的投影规律

物体有长、宽、高三个方向的尺寸，有上下、左右、前后六个方位关系，如图1-1-20（a）所示。从图1-1-20（a）可以看出，一个视图只能反映两个方向的尺寸，主视图反映了物体的长度和高度，俯视图反映了物体的长度和宽度，左视图反映了物体的宽度和高度。六个方位在三视图中的对应关系如图1-1-20（b）所示，以主视图为中心，俯视图、左视图靠近主视图的一侧为物体的后面，远离主视图的一侧为物体的前面。

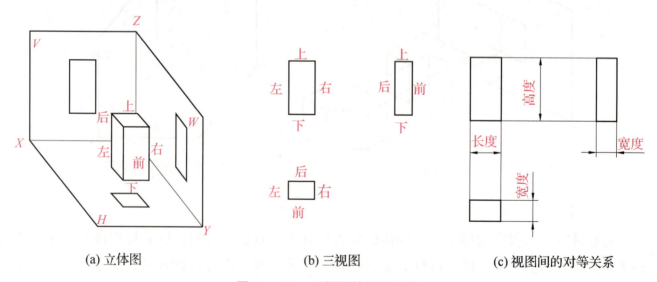

(a) 立体图　　　　　　(b) 三视图　　　　　　(c) 视图间的对等关系

图1-1-20　三视图的投影关系

由此可以归纳出三视图的投影规律，如图1-1-20（c）所示：

主、俯视图"长对正"（等长）；

主、左视图"高平齐"（等高）；

俯、左视图"宽相等"（等宽）。

四、基本几何体三视图

机器上的零件，不论形状多么复杂，都可以看作是由基本几何体按照不同的方式组合而成的。要想画复杂形体的视图必须先会画基本形体的三视图，并掌握其投影特性。

基本几何体三视图如表 1-1-5 所示。

表 1-1-5　基本几何体三视图

名称	直观图	三视图
正六棱柱		
棱锥		
圆柱		

续表

名称	直观图	三视图
圆锥	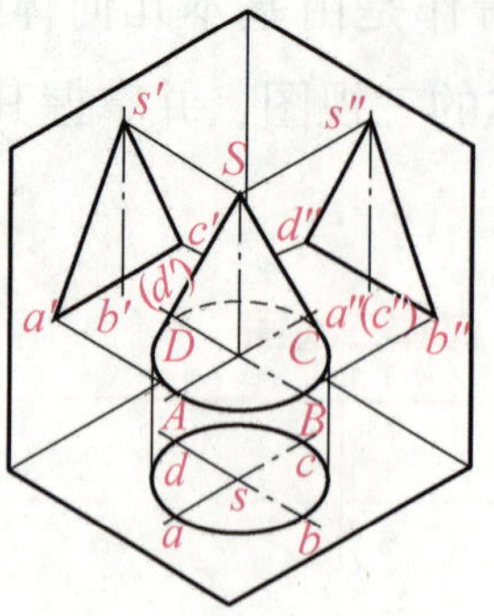	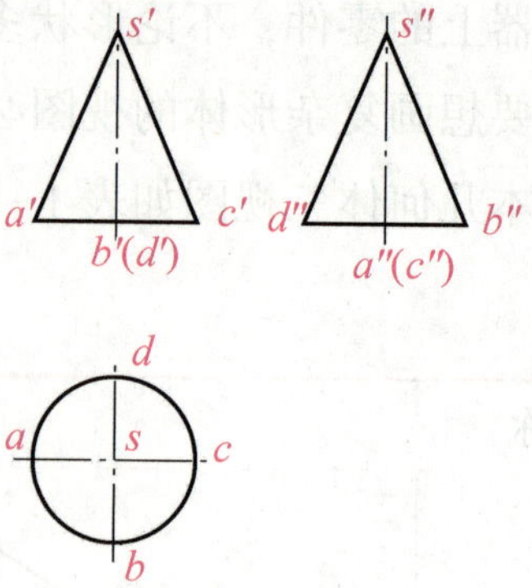
球	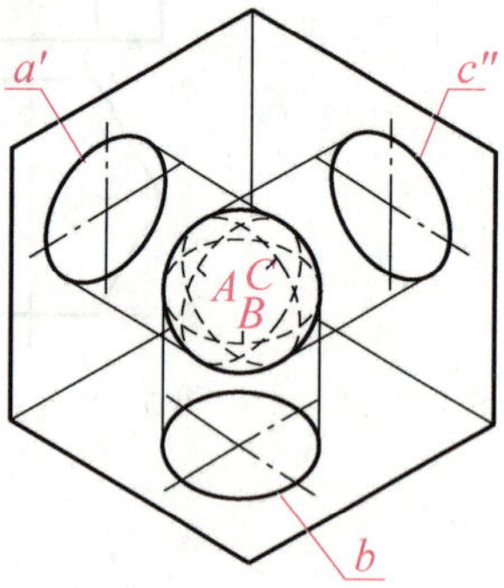	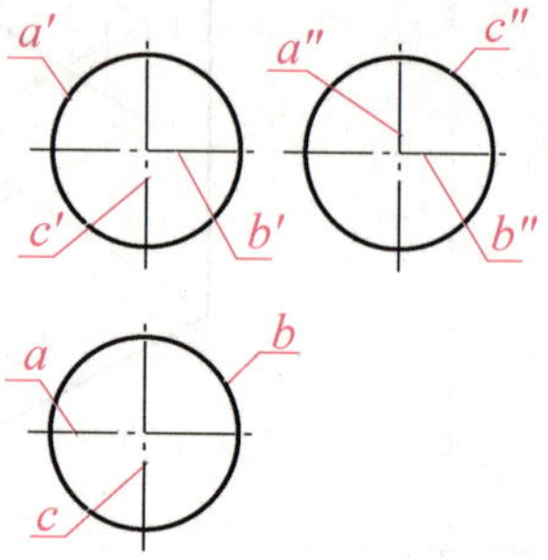

❖ **任务练习**

1. 填空题

（1）工程常用的投影法分为两类中心投影法和_____，其中正投影法属于_____投影法。

（2）图样中，机件的可见轮廓线用_____画出，不可见轮廓线用_____画出，尺寸线和尺寸界线用_____画出，对称中心线和轴线用_____画出。

（3）比例是_____与_____相应要素的线性尺寸之比，在画图时应尽量采用_____的比例，需要时也可采用放大或缩小的比例，其中1∶2为_____比例，2∶1为_____比例。无论采用哪种比例，图样上标注的应是机件的_____尺寸。

2. 作图题

（1）线性尺寸和角度尺寸标注（需标数值从图1-1-21中度量，取整数）。

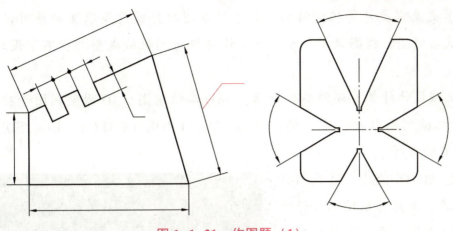

图 1-1-21　作图题（1）

（2）根据图 1-1-22 中的立体图，补画视图中的漏线。

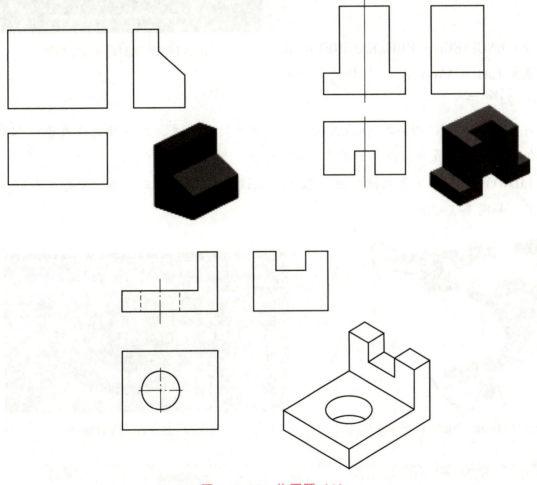

图 1-1-22　作图题（2）

❖ **任务拓展**

阅读材料——机械绘图软件简介

随着计算机的普及，网络时代的快速发展，手工绘图已经满足不了人们的工作需求，高强度、高精准的制图要求更是需要计算机的协助，而机械绘图软件就是精准度的绝对保证，同时可以帮助设计人员节省时间、提高效率，可以说从设计概念到机械成型都少不了设计软件的辅助。

机械绘图软件包括机械设计计算、部件参数查询、CAD二维制图、3D模型制图等功能。市面上出现各种各样的机械制图软件，常用的有AutoCAD、PROE（CREO）、UG、SOLIDWORKS、Catia、Rhino、CAXA等。

（1）AUTOCAD，是AUTODESK（欧特克）公司首次于1982年开发的自动计算机辅助设计软件，用于二维绘图、详细绘制、设计文档和基本三维设计。AUTOCAD的用户界面，通过交互菜单或命令行方式便可进行各种操作，如图1-1-23所示。

图1-1-23　AUTOCAD界面

（2）PRO/ENGINEER。PRO/ENGINEER操作软件是一款集CAD/CAM/CAE一体化的三维软件，如图1-1-24所示。

（3）UG：全称UNIGRAPHICS NX，主要应用于模具行业为主，大部分的模具设计人员使用此软件，也少量应用于汽车行业，如图1-1-25所示。

（4）SOLIDWORKS：常用于机械行业，很多机械设计师、机械工程师、设备工程师等岗位人员在使用，如图1-1-26所示。

图1-1-24　PRO/E应用举例

图1-1-25　UG绘图举例

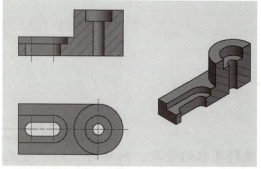

图1-1-26　SOLIDWORKS绘图举例

（5）CATIA：主要应用于航空、汽车等行业，其曲面功能强大，如图 1-1-27 所示。

（6）CAXA。北京数码大方科技股份有限公司（CAXA）是中国领先的工业软件和服务公司，主要提供数字化设计（CAD）、数字化制造（MES）、产品全生命周期管理（PLM）和工业云服务，是"中国工业云服务平台"的发起者和主要运营商，如图 1-1-28 所示。

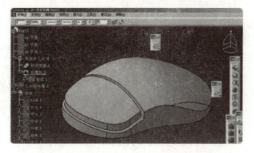

图 1-1-27　CATIA 绘图举例

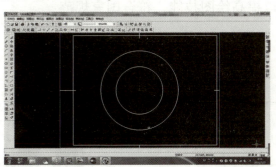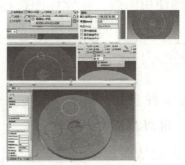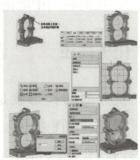

图 1-1-28　CAXA 绘图举例

CAXA 始终坚持技术创新，自主研发二维、三维 CAD 和 PLM 平台，研发团队有超过二十年的专业经验积累，技术水平具有国际领先性，在北京、南京和美国设有三个研发中心，拥有超过 150 项著作权、专利和专利申请，并参与多项国家 CAD、CAPP 等技术标准的定制工作。

CAXA 的产品拥有自主知识产权，产品线完整：主要提供数字化设计（CAD）、数字化制造（MES）以及产品全生命周期管理（PLM）解决方案和工业云服务。数字化设计解决方案包括二维、三维 CAD，工艺 CAPP 和产品数据管理 PDM 等软件；数字化制造解决方案包括 CAM、网络 DNC、MES 和 MPM 等软件；支持企业贯通并优化营销、设计、制造和服务的业务流程，实现产品全生命周期的协同管理；工业云服务主要提供云设计、云制造、云协同、云资源、云社区 5 大服务，涵盖了企业设计、制造、营销等产品创新流程所需要的各种工具和服务。

任务二　机械图样的表达

前面学习了用三视图表达组合体形状的方法，但仅用三视图是很难将机件的内、外形状和结构表达清楚的，本次任务将学习机件的表达方法。

任务目标

1. 在前面三视图的基础上，进一步熟悉较复杂形体三视图的画法，提高读图水平；
2. 识别基本视图、向视图、局部视图、斜视图；
3. 正确地理解剖视图的概念；
4. 了解全剖视图、局部剖视图、半剖视图；
5. 能识读移出断面图、重合断面图；
6. 在剖视图中能正确使用图线，探索作图技巧以提高绘图技能，符合国家规范。

任务描述

机件的结构形状是多种多样的，仅用三视图来表达，难以将机件的内、外形状和结构表达清楚。如图 1-2-1 所示机件的立体图，若用三视图来表达，因侧面连接板看不见，投影虚线较多，且作图烦琐。在这一课题中将运用正投影的原理，介绍完整、清晰、准确、简洁地表达各类机件的外部、内部结构形状的基本方法，为画图和识图打下更好的基础。掌握基本的读图知识，具备一定的识图技能是电工及 1+X 等职业证书的考核点。

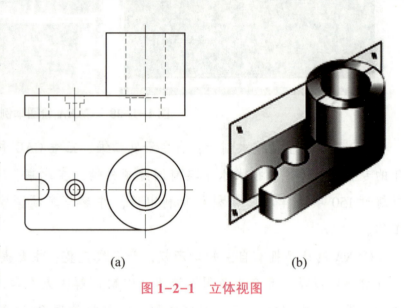

图 1-2-1　立体视图

知识链接

在任务一里，学习了运用正投影原理绘制较简单形体的三视图，但是机件的内外结构往往是比较复杂的，为了更好的学习本任务的后续内容，先来进一步熟悉复杂组合体三视图的画法。

一、组合体三视图的绘制和识读

由若干个基本体组合而成的物体称为组合体。基本体又称为基本形体，它包括所有基本几何体以及在基本几何体上略加切割或挖孔所形成的物体。

1. 组合体的组合形式

组合体按组合方式可分为切割型组合体、叠加型组合体和综合型组合体，如图 1-2-2 所示。

(a)叠加型　　　　　(b)切割型　　　　　(c)综合型

图1-2-2　组合体的组合形式

2. 组合体中基本体间表面的连接关系（图1-2-3、图1-2-4和图1-2-5）

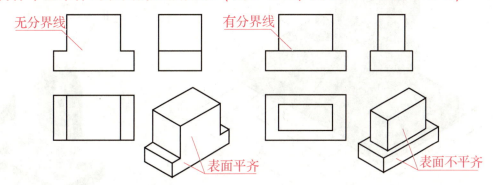

(a)平齐　　　　　　　　　(b)不平齐

图1-2-3　形体表面平齐和不平齐的画法

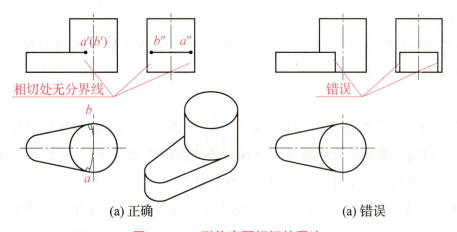

(a)正确　　　　　　　　　(a)错误

图1-2-4　形体表面相切的画法

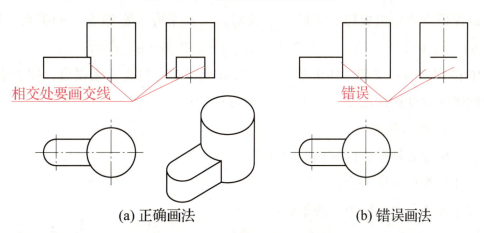

(a)正确画法　　　　　　　(b)错误画法

图1-2-5　形体表面相交的画法

3. 以图1-2-6为例来学习组合体的画法

1) 形体分析

如图1-2-7所示，支架可分解为底板Ⅰ、立板Ⅱ和肋板Ⅲ三个部分。底板上还切割出圆孔和矩形槽结构，立板上切割出半圆头和圆孔；底板和立板、底板和肋板、立板和肋板之间相互叠加，而且立板和肋板居中布置，底板和立板的后面共面。

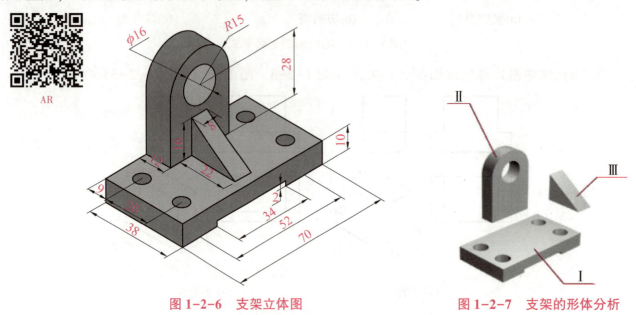

图1-2-6 支架立体图　　　　　图1-2-7 支架的形体分析

2) 选择主视图

主视图应能反映出组合体的基本形状特征以及其各组成部分之间的相对位置。主视图一旦确定，其他视图也随之确定。

3) 作图

（1）布置视图。根据组合体的大小，定比例，选图幅，画出各视图的作图基准线，如组合体的底面、对称面、端面的投影线等，以确定各视图的位置，如图1-2-8（a）所示。布置视图时要注意三个视图之间留有一定空间，以便标注尺寸。

（2）画视图底稿。作图基准线画出后，先从能反映特征轮廓的视图（通常为主视图）入手，一般按先主后次；先大后小；先外后内；先可见后不可见次序作图。同时要兼顾左视图和俯视图，以保证支架各组成部分图形的"长对正、高平齐、宽相等"的关系。作图步骤如图1-2-8（b）、图1-2-8（c）、图1-2-8（d）、图1-2-8（e）所示。

（3）检查描深。对照支架立体形状，根据投影规律进行检查，无误后，擦去多余作图线，再按所选择的图线宽度加深图线，如图1-2-8（f）所示。

4. 标注尺寸的基本要求

正确：尺寸标注必须符合国家标准的规定；

完整：所注各类尺寸应齐全；

清晰：尺寸布置要整齐清晰，便于看图。

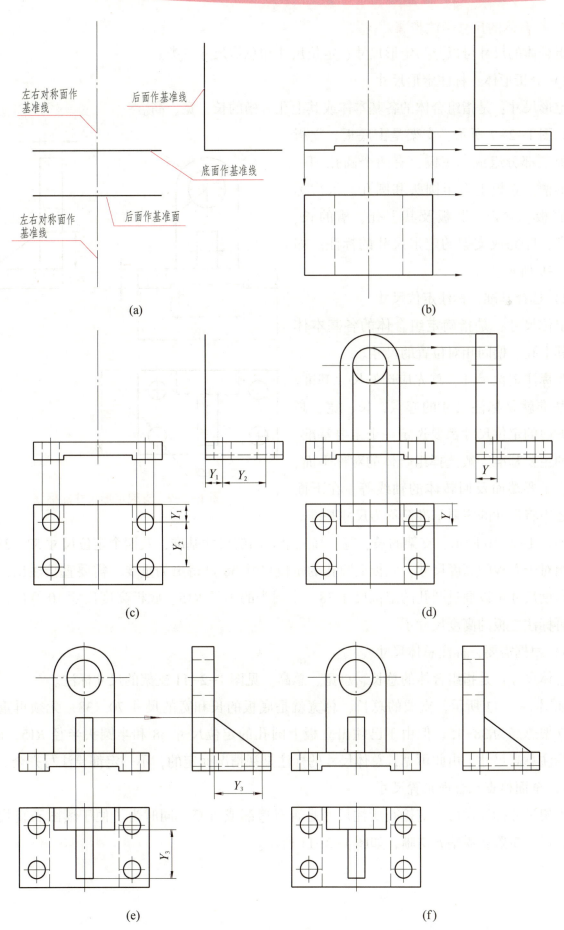

图 1-2-8　支架三视图的画图步骤

5. 组合体的尺寸标注步骤

组合体的尺寸可以分为定形尺寸、定位尺寸和总体尺寸三类。

1）分析形体，标注定形尺寸

定形尺寸：是指组合体的各基本体或其上孔、槽的长、宽、高。

如图1-2-7所示，支架是由底板、立板和肋板三部分组成。底板上有两个圆孔和一个矩形槽，立板上有半圆头和圆孔。依次标注出底板、立板、肋板及其上孔、槽的长、宽、高，即完成支架的定形尺寸的标注。如图1-2-9所示。

2）选择基准，标注定位尺寸

定位尺寸：是指确定组合体的各基本体间或其上孔、槽间相对位置的尺寸。

要标注定位尺寸，首先应选好尺寸基准。尺寸基准就是标注尺寸的起点，长、宽、高三个方向的定位尺寸都要选定一个主要基准。尺寸的主要基准一般选择组合体的对称平面、底面、重要端面及回转体的轴线等。在下面的叙述中将尺寸的主要基准简称为尺寸基准。

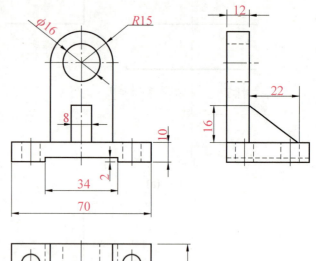

图1-2-9　支架定形尺寸的标注

如图1-2-10所示，支架的长、宽、高三个方向的尺寸基准，及四个定位尺寸52、38、9、20。相对于立板的高度尺寸，立板上圆孔的定位尺寸38显得更为重要，需要直接注出，而立板的高度尺寸可以通过圆孔的定位尺寸38、半圆头的半径R15、底板高度尺寸10算出，所以就不再标注立板的高度尺寸了。

3）根据需要，标注总体尺寸

总体尺寸：是指组合体的总长、总宽、总高。见图1-2-11支架的尺寸标注。

如图1-2-11所示，支架的总长、总宽就是底板的长和宽的尺寸70、38，无须再重复标注。支架总高为38+15，但由于已注出立板上圆孔的定位尺寸38和半圆头半径R15，因此，不再标注总高尺寸。由此可见，总体尺寸的标注是视情况而定的，不一定都要注写齐全。

4）全面检查，合理布置尺寸

支架尺寸标注完后，应检查所注尺寸是否有遗漏或重复，同时为了便于读图和查找相关尺寸，尺寸布置还需整齐清晰，如图1-2-11所示。

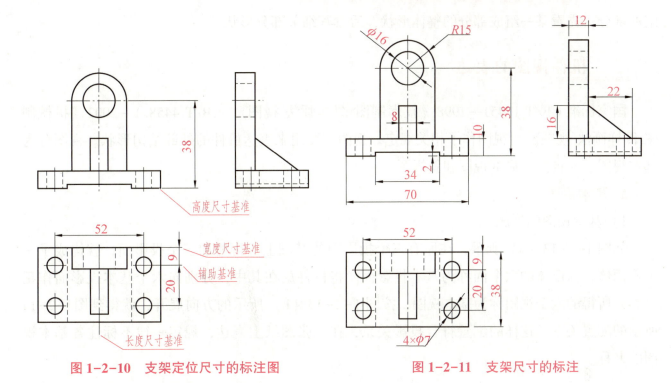

图 1-2-10 支架定位尺寸的标注图　　　　图 1-2-11 支架尺寸的标注

6. 读组合体三视图

读图是画图的逆过程，如图 1-2-12 所示，以读轴承座三视图为例。

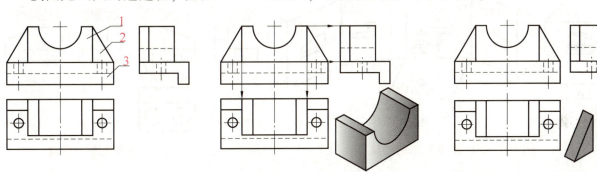

(a) 轴承座三视图　　　　(b) 对线框1的投影分析，想形状　　　　(c) 对线框2的投影分析，想形状

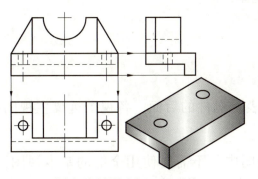

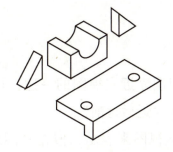

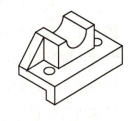

(d) 线框3的投影分析，想形状　　　　(e) 确定各基本体位置，想轴承座的整体　　　　(f) 轴承座的立体图

图 1-2-12 读轴承座三视图的步骤及方法

读图步骤：划线框，分形体；对投影，想形状；定位置，想整体。

一般的读图顺序是：先看主要部分，后看次要部分；先看容易确定的部分，后看难以确定的部分；先看某一组成部分的整体形状，后看其细节部分形状。

二、机件视图的表达

国家标准 GB/T 17451—1998《技术制图 图样画法 视图》、GB/T 4458.1—2002《机械制图 图样画法 视图》对视图作了相关规定。视图主要用来表达机件的外部结构形状。视图分为基本视图、向视图、局部视图和斜视图。

1. 基本视图

1）基本视图的形成

如图 1-2-13（a）所示，在原有三个投影面的基础上，再增加三个投影面，就构成了一个六面体，六面体的六个面称为基本投影面。将机件放在其中，分别向六个基本投影面作正投影，所得的六个视图称为基本视图，按图 1-2-13（b）所示的方向展开，就得到图 1-2-14 所示的配置关系。这样的配置符合投影关系，在一张图纸上表达，规定一律不标注各基本视图的名称。

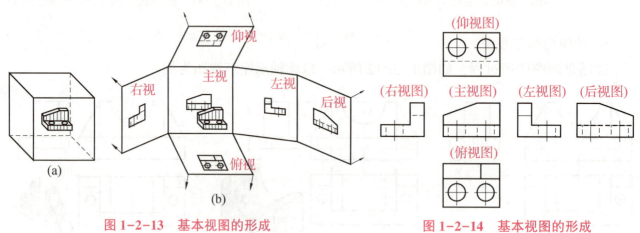

图 1-2-13 基本视图的形成　　　　图 1-2-14 基本视图的形成

2）基本视图的投影规律

六个基本视图之间依然保持着与三视图相同的投影规律，即：

主、俯、仰、后长对正；

主、左、右、后高平齐；

俯、左、仰、右宽相等。

注意：除后视图以外各视图靠近主视图的一边，均表示机件的后面，各视图远离主视图的一边均表示机件的前面，即"近后远前"。

虽然机件可以用六个基本视图来表示，但在实际绘图中并不需要使用全部的基本视图，应根据机件的形状和结构采用其中几个必要的视图。

2. 向视图

向视图是可自由配置的基本视图。为便于读图，应在向视图的上方用大写拉丁字母标注其名称"X"（X 代表"A""B""C"等），并在相应的视图附近用箭头指明投影方向，注出相同的字母，如图 1-2-15 所示。

3. 局部视图

如图 1-2-16（a）所示的机件，当采用主视图和俯视图两个基本视图后，机件上的大部分结构都已表达清楚，只有左右两侧的凸台部分结构形状尚未表达清楚，因此，采用左、右视图所需要表达的部分来表达该结构。

这种只将机件的某一部分向基本投影面投影所得到的视图，称为局部视图。

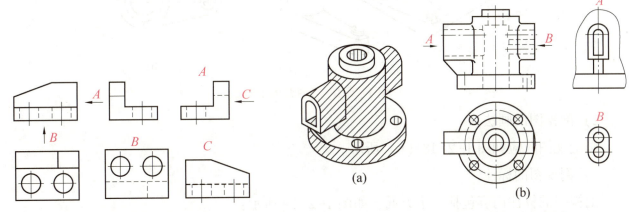

图 1-2-15　向视图及其标注　　　　图 1-2-16　局部视图的画法及标注

4. 斜视图

如图 1-2-17（a）所示是一个弯板形机件，它的倾斜部分在俯视图和左视图上的投影都不是实形。此时就可以另外加一个平行于该倾斜部分的投影面，在该投影面上可以画出倾斜部分的实形投影，所得到的视图称为斜视图。斜视图适合于表达机件上的斜表面的实形。

斜视图通常按向视图的配置形式配置并标注，如图 1-2-17 所示。

三、机件剖视的表达

当机件的内部形状复杂时，如果采用视图来表达机件，那么图样上就会出现很多虚线，从而使图形不清晰。为了清晰地表达机件的内部形状，国家标准 GB/T 4458.6—2002《机械制图 图样画法 剖视图和断面图》中规定采用副视图表达机件的内部形状。

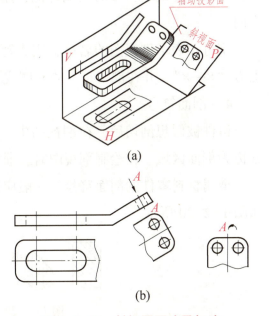

图 1-2-17　斜视图画法及标注

1. 认识剖视图

1）剖视图的形成

假想用剖切面剖开机件，将处于观察者和剖切面之间的部分移去，而将其余部分向投影面上投射，并在剖切区域画上剖面符号，这样得到的视图称为剖视图，如图 1-2-18 所示。

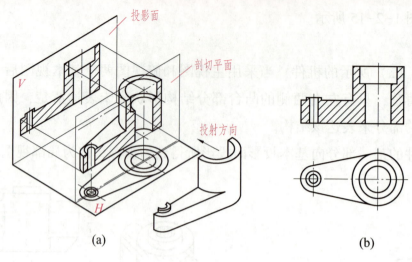

图 1-2-18 剖视图的形成

2) 剖视图的画法

画剖视图时应如图 1-2-18（b）所示。

3) 剖视图的标注

剖视图的标注内容包括三个方面，如图 1-2-19 所示：

剖切符号：指剖切面起、讫和转折位置（用粗实线表示）。

箭头：在剖切符号的两端外侧，用箭头表示剖切后的投射方向。

字母：表示剖视图的名称，用大写拉丁字母注在剖视图的上方"×—×"，并在剖切符号的一侧或转折处注上相同的字母。

4) 剖面符号

机件被假想剖切后，在剖视图中，剖切平面与物体接触部分称为剖面区域。在绘制剖视图时，通常应在剖面区域画出剖面符号。

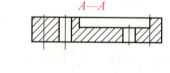
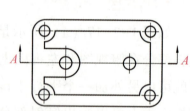

图 1-2-19 剖视图的标注

金属材料零件的剖面符号，一般应画成与主轮廓线或剖面区域的对称线成 45°的细实线，如图 1-2-20 所示。

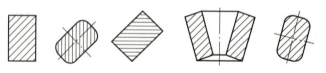

图 1-2-20 金属材料剖面符号画法示例

当图形的主要轮廓与水平成 45°时，该图形的剖面线也可与水平成 30°或 60°，其倾斜方向仍与其他图形的剖面线方向一致，其他视图的剖面线仍与水平成 45°。

画剖面线时应注意，同一零件剖面线的方向和间隔应一致。

2. 剖视图的分类

1) 按剖切范围分

按剖切范围的大小，剖视图可分为全剖视图、半剖视图和局部剖视图。

（1）全剖视图

如图1-2-18（b）、图1-2-19中的主视图就是全剖视图。全剖视图的表达重点为机件的内部结构，所以适用于外部形状比较简单，内部结构比较复杂的机件。

（2）半剖视图

如图1-2-21所示机件结构左右前后对称，以对称中心线为界，在垂直于对称平面的投影面上投影，由半个剖视图和半个视图合并组成的图形称为半剖视图。如图1-2-21（a）、图1-2-21（b）主视图和俯视图均做了半剖。

半剖视图具有内外兼顾的特点，常用来表达内外形状都比较复杂的机件。但半剖视图只适宜于表达对称的或基本对称的机件。标注方法与全剖视图相同。

（3）局部剖视图

将机件局部剖开后进行投影得到的剖视图称为局部剖视图。局部剖视图也是在同一视图上同时表达内外形状的方法，并且用波浪线作为剖视图与视图的界线。图1-2-22的主视图采用了局部剖视图。

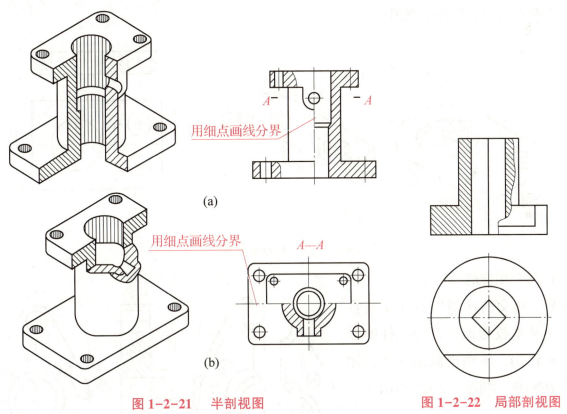

图1-2-21　半剖视图　　　　　　　图1-2-22　局部剖视图

局部剖视剖切范围根据实际需要决定，比较灵活。但使用时要考虑到看图方便，剖切不要过于零碎。画局部剖视图需要注意以下几种情况，如图1-2-23所示。

2）按剖切面分

由于零件的结构形状不同，画剖视图时可采用不同剖切方法。

（1）单一剖切面

用一个剖切平面剖开机件的方法称为单一剖，所画出的剖视图，称为单一剖视图。单一

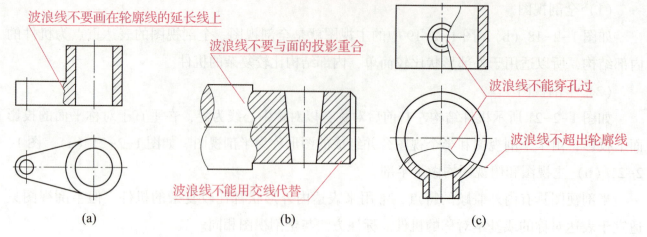

图 1-2-23 局部剖视图的波浪线的画法

剖切面一般为平行于基本投影面的剖切平面。如图 1-2-18（b）所示。

（2）几个互相平行的剖切平面

如图 1-2-24 所示，用两个或多个互相平行的剖切平面把机件剖开的方法，称为阶梯剖，所画出的剖视图称为阶梯剖视图。

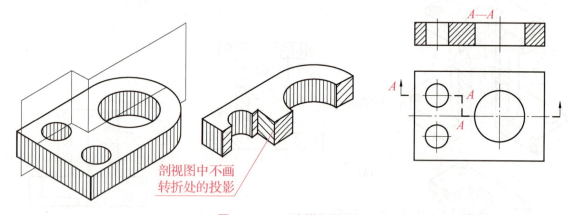

图 1-2-24 阶梯剖视图

（3）两个相交的剖切平面

用两个相交的剖切平面（交线垂直于某一基本投影面）剖开机件的方法称为旋转剖，所画出的剖视图，称为旋转剖视图，如图 1-2-25 所示。

四、机件断面的表达

假想用剖切面将物体的某处切断，仅画出断面的图形，称为断面图，简称断面。断面图通常用来表示物体上某一局部的断面形状。如图 1-2-26 所示。

断面图分为移出断面图和重合断面图两种。

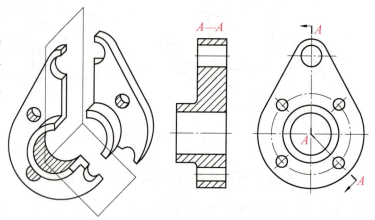

图 1-2-25 旋转剖视图

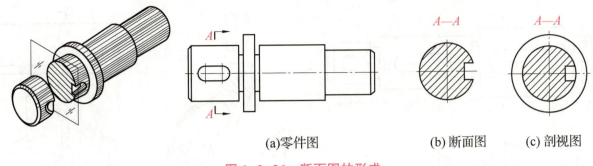

(a) 零件图　　　　　(b) 断面图　　(c) 剖视图

图 1-2-26　断面图的形成

1. 移出断面图

画在视图轮廓之外的断面图称为移出断面图。移出断面的轮廓线用粗实线画出，断面上画出剖面符号。

如图 1-2-27、图 1-2-28 所示，这些结构应按剖视图绘制。

如图 1-2-29 所示几种情况，为移出断面图。

2. 重合断面图

画在视图轮廓之内的断面图称为重合断面图，如图 1-2-30 所示。为了使图形清晰，避免与视图中的线条混淆，重合断面的轮廓线用细实线画出。当重合断面的轮廓线与视图的轮廓线重合时，仍按视图的轮廓线画出，不应中断，如图 1-2-30（b）所示。

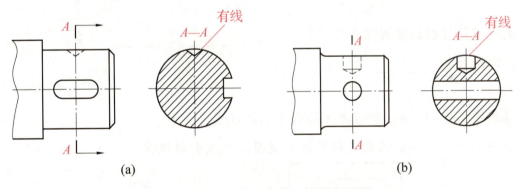

(a)　　　　　　　　　　　　　　(b)

图 1-2-27　带孔或者凹坑的断面图

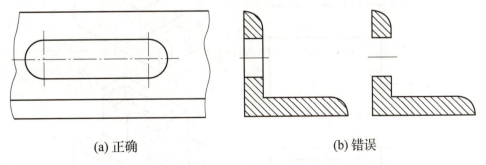

(a) 正确　　　　　　　　(b) 错误

图 1-2-28　断面分离时的画法

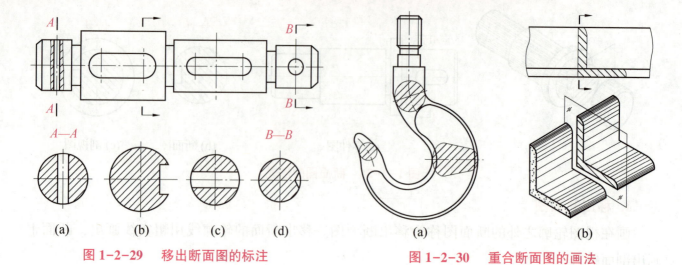

图 1-2-29　移出断面图的标注

图 1-2-30　重合断面图的画法

❖ 任务练习

1. 填空题

（1）组合体的组合形式有＿＿＿＿、＿＿＿＿、＿＿＿＿。

（2）基本视图有＿＿＿＿、＿＿＿＿、＿＿＿＿、＿＿＿＿、＿＿＿＿、＿＿＿＿等六个。

（3）剖视图按照剖切范围可分为＿＿＿＿、＿＿＿＿、＿＿＿＿三类。

（4）断面图分为＿＿＿＿和＿＿＿＿。

2. 作图题

（1）绘制图 1-2-2（b）所示立体的六个基本视图。

（2）如图 1-2-31（a）在指定位置将主视图改画成全剖视图。

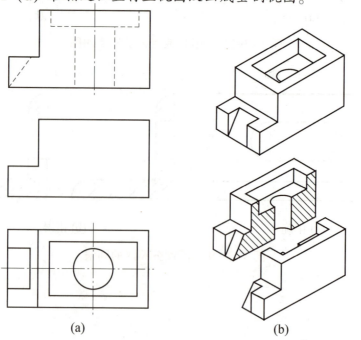

图 1-2-31

(3) 将图1-2-32主视图改画成全剖视图。

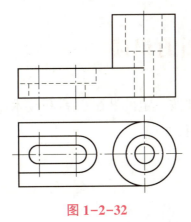

图 1-2-32

❖ 任务拓展

<u>阅读材料——典型机体的其他表达方法</u>

一、局部放大法

用大于原图形的比例画出的局部图形称为局部放大图，如图1-2-33所示。局部放大图主要用于表示物体的局部细小结构。

局部放大图的比例只是放大图与机件的比例，与原视图的比例无关，因此，标注局部放大部分的图形尺寸时，仍按机件实际尺寸标注。

二、其他规定画法、简化画法

(1) 当图形不能充分表示平面时，可用平面符号如图1-2-34所示。

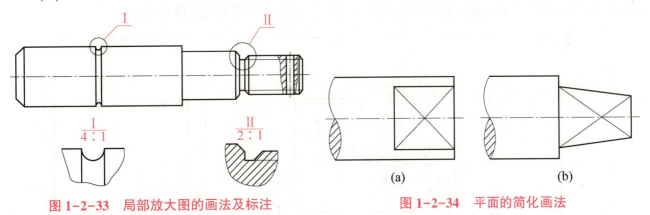

图 1-2-33 局部放大图的画法及标注　　　　图 1-2-34 平面的简化画法

(2) 杆类较长的机件，当沿长度方向形状相同或按一定规律变化时，允许断开画出，标注时标注实长，如图1-2-35所示。

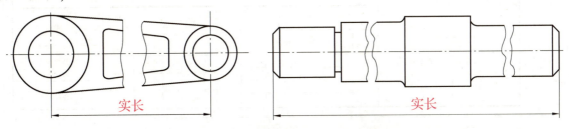

图 1-2-35 较长机件的断开简化画法

任务三　零件图的识读

任何机器或部件都由若干零件按一定的装配关系和技术要求装配而成。表示零件的结构、大小及技术要求图样，称为零件图。

任务目标

1. 知道尺寸公差和几何公差；
2. 认识表面结构的标注；
3. 知道标准件的规定画法；
4. 了解零件图的内容和读图方法、步骤，能识读简单零件图；
5. 贯彻新国标，养成认真严谨的作风。

任务描述

为保证零件的互换性，必须将零件的实际尺寸控制在允许变动的范围内，这个允许的变动范围在图上用尺寸公差表示。另外，因表面结构与机械零件的配合性质、耐磨性、接触刚度、振动和噪声等有密切关系，对机械产品的使用寿命和可靠性有重要影响，也会在图中标注出来。通过学习本任务，可以读懂图 1-3-1 零件图中标注的尺寸公差、表面结构要求和几何公差。

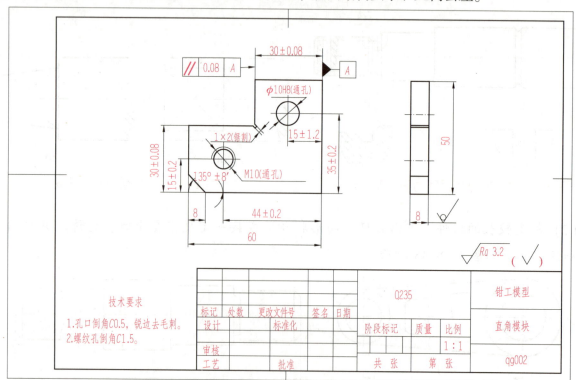

图 1-3-1　零件图

知识链接

在机器或部件中，广泛使用标准件和常用件。如螺纹紧固件（螺栓、螺母、垫圈、双头螺柱、螺钉）、连接件（键、销）、滚动轴承等，国家标准对它们的结构、尺寸、画法等均进行了标准化规定，这些零件称标准件。另一些零件，如齿轮、弹簧等，国家标准对它们的部分结构进行了标准化规定，这些零件称常用件。

一、标准件常用件的画法

1. 螺纹的画法

螺纹分外螺纹和内螺纹两种，成对使用。内外螺纹连接时，螺纹的要素必须一致。螺纹的结构要素包括牙型、直径、线数、螺距（导程）和旋向。

螺纹直径有大径（d、D）、小径（d_1、D_1）和中径（d_2、D_2），如图 1-3-2 所示。其中外螺纹大径 d 和内螺纹小径 D，亦称顶径；外螺纹小径和内螺纹大径亦称底径。大径是螺纹公称直径。

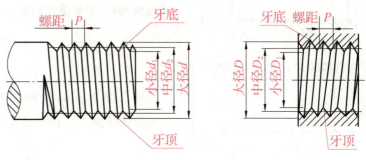

图 1-3-2 螺纹的直径

1）外螺纹的画法

外螺纹的画法如图 1-3-3 所示：

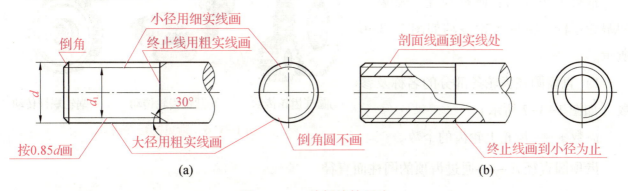

图 1-3-3 外螺纹的画法

2）内螺纹的画法

内螺纹的画法如图 1-3-4 所示。

剖开表示时，牙底（大径）为细实线；牙顶（小径）及螺纹终止线为粗实线。

投影为圆的视图中，牙底仍然画成约为 3/4 圈的细实线，并规定螺纹的倒角也省略不画。

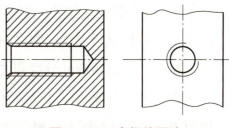

图 1-3-4 内螺纹画法

3）内、外螺纹连接画法

内、外螺纹连接的画法如图 1-3-5 所示，国标规定，其旋合部分应按外螺纹的画法表示，非旋合部分仍按各自的画法表示。

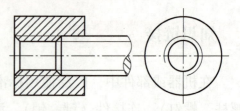

图 1-3-5　内、外螺纹旋合的画法

4）普通螺纹的标记

螺纹的标记如表 1-3-1 所示：

表 1-3-1　螺纹标记示例

标记	说明
M20-6H	公称直径为 20 mm 的粗牙普通螺纹（内螺纹），中径和顶径公差带代号均为 6H，中等旋合长度，右旋（省略不注）
M16×1.5-5g6g-S-LH	公称直径为 16 mm、螺距 1.5 mm 的细牙普通螺纹（外螺纹），中径公差带代号为 5g，顶径公差带代号为 6g，短旋合长度，左旋

注：普通螺纹的螺纹代号用字母"M"表示。普通粗牙螺纹不必标注螺距，普通细牙螺纹必须标注螺距；右旋螺纹不必标注，左旋螺纹应标注字母"LH"。

2. 齿轮的画法

常见的齿轮有：圆柱齿轮、锥齿轮和蜗轮蜗杆。常见齿轮传动如图 1-3-6 所示。

1）直齿圆柱齿轮各部分的名称及参数（如图 1-3-7 所示）。

(a)圆柱齿轮传动　　(b)圆锥齿轮传动　　(c)蜗轮蜗杆传动

图 1-3-6　常见的齿轮传动

齿数 z——齿轮上轮齿的个数。

齿顶圆直径 d_a——通过齿顶的圆柱面直径。

齿根圆直径 d_f——通过齿根的圆柱面直径。

分度圆直径 d——分度圆直径是齿轮设计和加工时的重要参数。分度圆是一个假想的圆，在该圆上齿厚 s 与槽宽 e 相等，它的直径称为分度圆直径。

齿高 h——齿顶圆和齿根圆之间的径向距离。

齿顶高 h_a——齿顶圆和分度圆之间的径向距离。

齿根高 h_f——分度圆与齿根圆之间的径向距离。

齿距 P——在分度圆上，相邻两齿对应齿廓之间的弧长。

齿厚 s——在分度圆上，一个齿的两侧对应齿廓之间的弧长。

槽宽 e——在分度圆上，一个齿槽的两侧相应齿廓之间的弧长。

模数 m——由于分度圆的周长 $\pi d = P \cdot z$，所以 $d = \dfrac{P}{\pi} \cdot z$，$\dfrac{P}{\pi}$ 就称为齿轮的模数。模数以 mm 为单位，它是齿轮设计和制造的重要参数。为便于齿轮的设计和制造，减少齿轮成形刀具的规格及数量，国家标准对模数规定了标准值。

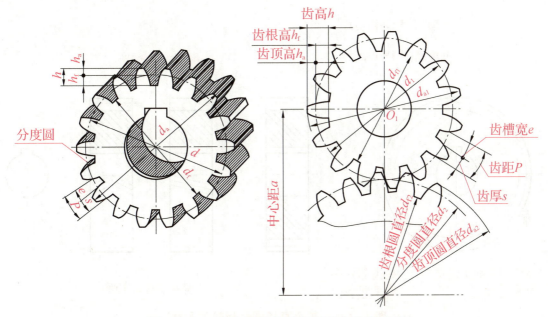

图 1-3-7 直齿圆柱齿轮各部分名称和代号

压力角 α——相互啮合的一对齿轮，其受力方向（齿廓曲线的公法线方向）与运动方向之间所夹的锐角，称为压力角。同一齿廓的不同点上的压力角是不同的，在分度圆上的压力角，称为标准压力角。国家标准规定，标准压力角为 20°。

中心距 a——两啮合齿轮轴线之间的距离。

2）直齿圆柱齿轮的尺寸计算

在已知模数 m 和齿数 z 时，齿轮轮齿的其他参数均可按表 1-3-2 里的公式计算出来。

表 1-3-2 标准直齿圆柱齿轮各基本尺寸计算公式

基本参数：模数 m 和齿数 z			
序号	名称	代号	计算公式
1	齿距	P	$P = \pi m$
2	齿顶高	h_a	$h_a = m$
3	齿根高	h_f	$h_f = 1.25m$
4	齿高	h	$h = 2.25m$
5	分度圆直径	d	$d = mz$
6	齿顶圆直径	d_a	$d_a = m(z+2)$
7	齿根圆直径	d_f	$d_f = m(z-2.5)$
8	中心距	a	$a = m(z_1 + z_2)/2$

3）直齿圆柱齿轮的规定画法

（1）单个齿轮的画法

单个齿轮一般用两个视图表示。国家标准规定齿顶圆和齿顶线用粗实线绘制，分度圆和分度线用细点画线表示，齿根圆和齿根线用细实线绘制（也可以省略不画）。在剖视图中，齿根线用粗实线绘制，并不能省略。当剖切平面通过齿轮轴线时，轮齿一律按不剖绘制。单个齿轮的画法如图1-3-8所示。

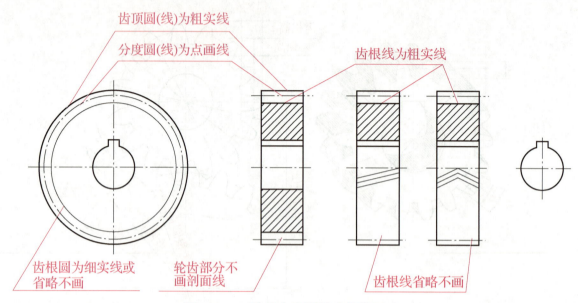

图1-3-8　单个直齿圆柱齿轮的画法

（2）一对齿轮啮合的画法

一对齿轮的啮合图，一般可以采用两个视图表达，在垂直于圆柱齿轮轴线的投影面的视图中（反映为圆的视图），啮合区内的齿顶圆均用粗实线绘制（也可省略不画），分度圆相切，如图1-3-9（b）所示。采用剖视图表达时，画法如图1-3-9（a）所示，啮合区画法如图1-3-10所示。

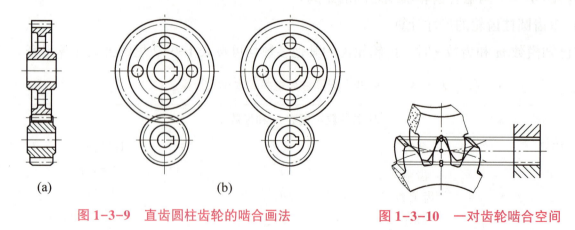

图1-3-9　直齿圆柱齿轮的啮合画法　　　图1-3-10　一对齿轮啮合空间

3. 键的画法

1）几种常用键

键主要用于轴和轴上零件（如齿轮、带轮）之间的轴向连接，以传递扭矩和运动，如图1-3-11

所示。常用键的形式如图1-3-12所示。

普通平键标记示例：

宽度 $b=16$ mm、高度 $h=10$ mm、长度 $L=100$ mm 普通 A 型平键标记为：GB/T 1096 键 A16×10×100。

宽度 $b=16$ mm、高度 $h=10$ mm、长度 $L=100$ mm 普通 B 型平键标记为：GB/T 1096 键 B16×10×100。

宽度 $b=16$ mm、高度 $h=10$ mm、长度 $L=100$ mm 普通 C 型平键标记为：GB/T 1096 键 C16×10×100。

图 1-3-11　键连接

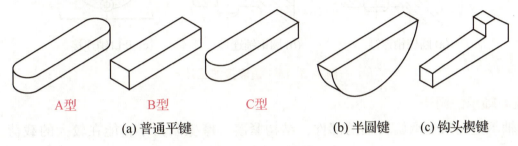

图 1-3-12　常用键的形式

2）键连接画法（图1-3-13、图1-3-14）

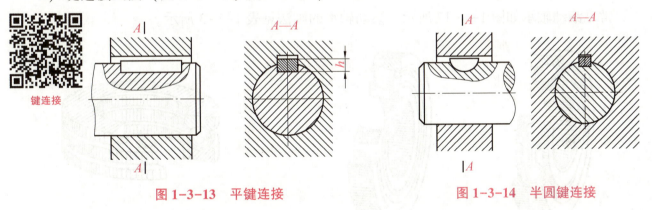

图 1-3-13　平键连接　　　　　图 1-3-14　半圆键连接

3）键槽尺寸

键和键槽尺寸可根据轴的直径查得，轴和轮毂上键槽的画法和尺寸标注如图1-3-15所示。

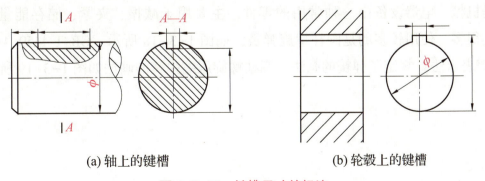

(a) 轴上的键槽　　　　　(b) 轮毂上的键槽

图 1-3-15　键槽尺寸的标注

4. 销连接画法

销用于零件间的连接或定位。常用的销有圆柱销、圆锥销和开口销等，它们的画法如图1-3-16所示。

公称直径 $d=6$ mm、公差 m6、公差长度 $L=30$ mm、材料为钢、普通淬火（A型）圆柱销的标记为：销 GB/T 119.2　6×30。

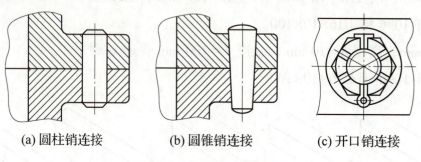

(a) 圆柱销连接　　(b) 圆锥销连接　　(c) 开口销连接

图 1-3-16　销连接的画法

5. 滚动轴承的画法

滚动轴承是用来支承旋转轴的部件，结构紧凑，摩擦阻力小，能在较大的载荷、较高的转速下工作，转动精度较高，在工业中应用十分广泛。滚动轴承的结构及尺寸已经标准化，由专业厂家生产，选用时可查阅有关标准。

常见滚动轴承如图1-3-17所示，滚动轴承的画法见表1-3-3所示。

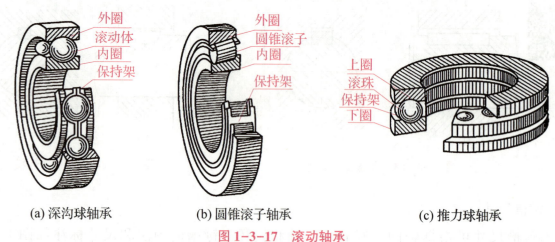

(a) 深沟球轴承　　(b) 圆锥滚子轴承　　(c) 推力球轴承

图 1-3-17　滚动轴承

6. 弹簧的画法

弹簧是机械、电器设备中一种常用的零件，主要用于减振、夹紧、储存能量和测力等。弹簧的种类很多，使用较多的是圆柱螺旋弹簧，如图1-3-18所示。GB/T 4459.4—2003《机械制图 弹簧表示法》规定了弹簧的画法，圆柱螺旋压缩弹簧的画法如图1-3-19所示。

表 1-3-3 滚动轴承的画法（GB/T 4459.7—2017）

名称	主要尺寸	通用画法	特征画法	规定画法
深沟球轴承	D、d、b			
推力球轴承	D、d、H			
圆锥滚子轴承	D、d、T、B、C			

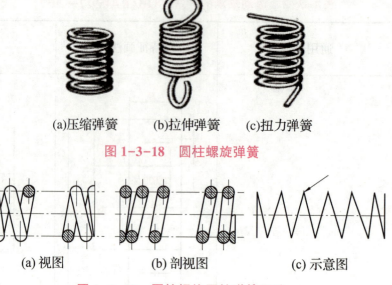

(a)压缩弹簧　　(b)拉伸弹簧　　(c)扭力弹簧

图 1-3-18　圆柱螺旋弹簧

(a)视图　　(b)剖视图　　(c)示意图

图 1-3-19　圆柱螺旋压缩弹簧画法

二、机械图样中的技术要求

1. 极限与配合

为了保证零件的互换性，在设计零件时，不仅要根据零件的使用要求确定它的公称尺寸，还要给尺寸一个变动的范围，这个允许尺寸的变动量就称为尺寸公差，简称公差。

没有尺寸公差，就无法判断产品尺寸是否合格。公差在图上标注形式见表 1-3-4 所示。

表 1-3-4　公称尺寸为 50 mm 的孔的尺寸公差标注形式

形式	含义
$\phi 50^{+0.039}_{0}$	公称尺寸 50 mm，上极限偏差 = +0.039 mm，下极限偏差 = 0；上极限尺寸为 50.039，下极限尺寸为 50
$\phi 50H8$	公称尺寸 50 mm，基本偏差代号 H，公差等级 8 级
$\phi 50H8\left(^{+0.039}_{0}\right)$	公称尺寸 50 mm，公差带代号 H8，上极限偏差 = +0.039 mm，下极限偏差 = 0

公称尺寸相同的孔和轴不同公差带之间的关系，称为配合。孔轴的配合分为间隙配合、过盈配合、过渡配合三大类。两个实体零件装配到一起，要么是"间隙配合"，孔大轴小，要么是"过盈配合"，轴大孔小。

2. 几何公差

在生产实践中，经过加工的零件，不但会产生尺寸误差，而且会产生几何误差，零件的实际形状、方向和位置对理想形状、方向和位置所允许的最大变动量，称为几何公差。

国家标准规定了几何公差的名称、符号以及分类，如表 1-3-5 所示。

表 1-3-5　几何公差的特征项目及符号

公差类型	几何特征	符号	有无基准	公差类型	几何特征	符号	有无基准
形状公差	直线度	—	无	位置公差	位置度	⊕	有或无
	平面度	▱			同心度（用于中心线）	◎	有
	圆度	○			同轴度（用于轴线）	◎	有
	圆柱度	⌭			对称度	═	有
	线轮廓度	⌒			线轮廓度	⌒	有
	面轮廓度	⌓			面轮廓度	⌓	有
方向公差	平行度	∥	有	跳动公差	圆跳动	↗	有
	垂直度	⊥			全跳动	⌰	有
	倾斜度	∠					
	线轮廓度	⌒					
	面轮廓度	⌓					

几何公差的标注示例如表 1-3-6 所示。

表 1-3-6　几何公差标注示例

示例	解释	示例	解释
— 0.1	实际直线应限定在间距为 0.1 mm 的两平行直线之间	▱ 0.06	实际表面应限定在间距为 0.06 mm 的两平行平面内
— φ0.08	圆柱的实际中心线应限定在直径为 φ0.08 mm 的圆柱面内	⌭ 0.05	提取（实际）圆柱面应限定在半径差为 0.05 mm 的两同轴圆柱面之间
○ 0.03	在圆柱面和圆锥面的任意截面内，提取（实际）圆周应限定在半径差为 0.03 mm 的两共面同心圆之间	∥ φ0.03 A	提取（实际）中心线应限定在轴线平行于基准轴线 A，直径为 φ0.03 mm 的圆柱面内
◎ φ0.08 A-B	大圆柱的提取（实际）轴线应限定在直径为 φ0.08 mm，以公共基准轴线 A-B 为轴线的圆柱面内	↗ 0.08 A	在任一垂直于基准轴线 A 的截面内，提取（实际）圆应限定在半径差为 0.08 mm，圆心在基准轴线 A 上的两同心圆之间

3. 表面结构要求

任何加工方法所获得的零件表面，都不是绝对的平整和光滑的，若将表面横向剖切，放在显微镜下观察，则可看到有峰、谷高低不平的表面轮廓。如图1-3-20所示。

对于机械零件的表面结构要求，一般采用 R 轮廓参数评定。R 轮廓参数数值越小，则表面越光滑，其加工成本也越高。因此，在满足零件使用要求的前提下，应尽量降低对 R 轮廓参数的要求。

评定 R 轮廓参数的指标，有轮廓算术平均偏差 Ra 和轮廓最大高度 Rz，优先推荐选用 Ra。

图样上表示零件表面结构图形符号的含义见表1-3-7所示。

图1-3-20 零件表面

表1-3-7 表面结构的图形符号

基本图形符号	$H_1 = 1.4h$，$H_2 = 3h$ h 为图上尺寸数字高度，符号为细实线	未指定工艺方法的表面，当通过一个注释解释时，可单独使用	
扩展图形符号		用去除材料的方法获得的表面；仅当其含义是"被加工表面"时，可单独使用	图为正三角形的内切圆	不去除材料的表面
完整图形符号	允许任何工艺	去除材料	不去除材料	以上各种图形符号的长边加一横线，以便注写对表面结构的各种要求

表面结构的标注示例见表1-3-8所示。

表1-3-8 表面结构标注示例

说明	图例
标注在轮廓线或其延长线上，其符号应从材料外指向并接触表面或其延长线，或用箭头指向表面或其延长线，必要时可以用黑点或箭头引出标注	(Rz 3.2, Ra 0.8, Ra 12.5, Ra 1.6, 车 Rz 3.2)

续表

说明	图例
标注在特征尺寸的尺寸线上	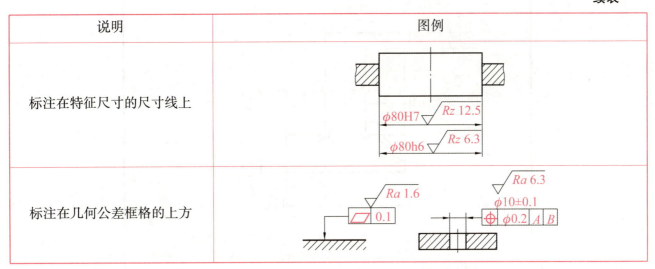
标注在几何公差框格的上方	

❖ 任务练习

1. 填空题

（1）键连接用于_____和_____连接，以_____。常用键的种类有_____、_____、_____。

（2）销用作零件间的_____。常用销的种类有_____、_____、_____。

（3）齿轮传动用于传递_____，并可以改变运动_____。

（4）轴承是用来_____轴的。深沟球轴承一般由_____、_____、_____和_____组成。

（5）弹簧可用于_____等作用。常见弹簧有_____。

（6）形状公差有_____、_____、_____、_____、_____、_____。

（7）配合分为_____、_____、_____。

2. 简答题

识读零件图 1-3-21。按照读零件图的步骤分组进行。并回答下列问题。

（1）从标题栏了解到零件的信息是哪些？

（2）图样是如何进行表达的？

（3）技术要求有哪些？详细说明。

（4）思考：图 1-3-21 里面的表面结构与几何公差用新标准如何标注。

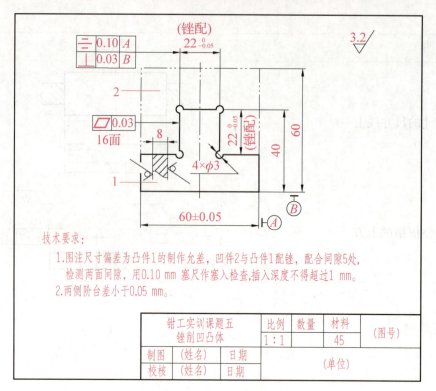

图 1-3-21 凹凸体

❖ 任务拓展

阅读材料——零件图

零件图是表达单个零件形状、大小和特征的图样,也是在制造和检验机器零件时所用的图样,又称零件工作图。在生产过程中,根据零件图样和图样的技术要求进行生产准备、加工制造及检验。因此,它是指导零件生产的重要技术文件。

零件图的基本要求应遵循国家标准《技术制图–图样画法–视图》的规定。该标准明确指出:绘制技术图样时,应首先考虑看图方便。根据物体的结构特点选用适当的表达方法,在完整、清晰地表达物体形状的前提下,力求制图简便。

一、零件图基本内容

为了满足生产需要,一张完整的零件图中应综合运用视图、剖视、断面及其他规定和简化画法,选择能把零件的内、外结构形状表达清楚的一组视图。主要包括下列基本内容。

1. 完整的尺寸

用以确定零件各部分的大小和位置。零件图上应注出加工完成和检验零件是否合格所需的全部尺寸。

2. 标题栏

说明零件的名称、材料、数量、日期、图的编号、比例以及描绘、审核人员签字等。根据国家标准,有固定形式及尺寸,制图时应按标准绘制。

3. 技术要求

用一些规定的符号、数字、字母和文字注解，简明、准确地给出零件在使用、制造和检验时应达到的一些技术要求（包括表面粗糙度、尺寸公差、几何公差、表面处理和材料处理等要求）。

零件图的技术要求是指制造和检验该零件时应达到的质量要求。

技术要求主要包含以下内容：

（1）零件的材料及毛坯要求。

（2）零件的表面粗糙度要求。

（3）零件的尺寸公差、几何公差。

（4）零件的热处理、涂镀、修饰、喷漆等要求。

（5）零件的检测、验收、包装等要求。

这些内容有的按规定符号或代号标注在图上，有的用文字注写在图样的下方。如图 1-3-21 所示。

二、视图选择

零件的视图选择就是选用一组合适的视图表达出零件的内、外结构形状及其各部分的相对位置关系。

一个好的零件视图表达方案是：表达正确、完整、清晰、简练，同时易于看图。

由于零件的结构形状是多种多样的，所以在画图前应对零件进行结构形状分析，并针对不同零件的特点选择主视图及其他视图，确定最佳表达方案。

选择视图的原则是：在完整、清晰的表达零件内、外形状的前提下，尽量减少图形数量，以方便画图和看图。

三、尺寸标注

零件图中的图形，只是用来表达零件的形状，而零件各部分的真实大小及相对位置，则靠标注尺寸来确定。零件图上所标注的尺寸不但要满足设计要求，还应满足生产要求。零件图上的尺寸要标注得完整、清晰、符合国标规定等要求。

1. 尺寸基准

度量尺寸的起点，称为尺寸基准。要把尺寸注得合理，就是要选择恰当的尺寸基准。在选择尺寸基准时，必须根据零件在机器中的作用、装配关系以及零件的加工方法、测量方法等情况来确定。尺寸基准有两种：

（1）设计基准——根据零件的设计要求所选定的基准。

（2）工艺基准——根据零件的加工、测量要求所选定的基准。

每个零件都有长、宽、高三个方向的尺寸，每个方向上都应有一个主要基准。标注尺寸时，既要考虑设计要求，又要考虑工艺要求。

2. 合理标注尺寸的原则

（1）主要尺寸应从设计基准出发直接标注。

（2）一般尺寸应从工艺基准出发标注。

（3）不重要尺寸作为尺寸链的封闭环，不注尺寸。

（4）毛坯面与加工面应分别标注。

四、看图步骤

1. 读标题栏

了解零件的名称、材料、画图的比例、质量等。

2. 分析视图，想象形状

读零件的内、外形状和结构，是读零件图的重点。组合体的读图方法（包括视图、剖视、断面等），仍然适用于读零件图。

从基本视图看出零件的大体内外形状；结合局部视图、斜视图以及断面等表达方法，读懂零件的局部或斜面的形状；同时，也从设计和加工方面的要求，了解零件的一些结构的作用。

3. 分析尺寸和技术要求

了解零件各部分的定形、定位尺寸和零件的总体尺寸，以及标注尺寸时所用的基准。还要读懂技术要求，如表面粗糙度、公差与配合等内容。

4. 综合考虑

把读懂的结构形状、尺寸标注和技术要求等内容综合起来，就能比较全面地读懂这张零件图。

有时为了读懂比较复杂的零件图，还需参考有关的技术资料，包括零件所在的部件装配图以及与它有关的零件图。

项目二

认识常用机械传动

知 识 树

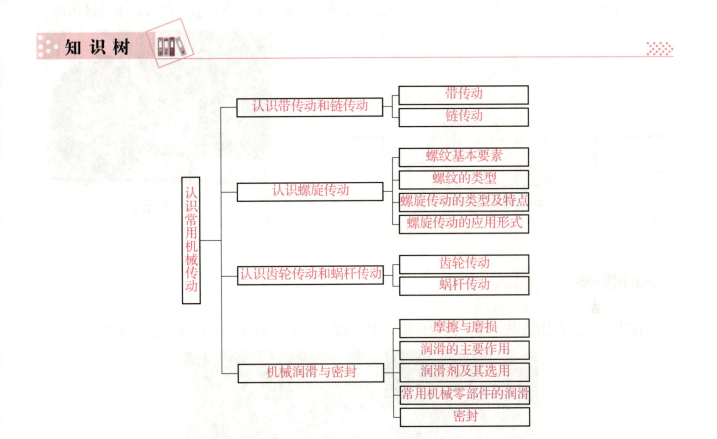

任务一　认识带传动和链传动

我们的生活离不开机械，从一个小小的螺母螺栓到计算机控制的各类自动化机械设备，机械在现代化的建设中起着重要作用。带传动是机械传动中重要的传动形式之一，在汽车、家电等机械设备中得到了越来越广泛的应用。链传动也应用于轻工、矿山、农业、运输起重、机床等领域的机械传动中。

任务目标

1. 认识带传动的类型和应用特点；
2. 熟悉链传动的常用类型、工作原理；
3. 会计算传动比。

 任务描述

如图 2-1-1 所示，汽车的发动机将运动传递给变速箱，车床的电动机将运动传递给主轴，摩托车的发动机将运动传递给车轮，这几种运动传递距离比较远，所以会用带或链来传递运动。

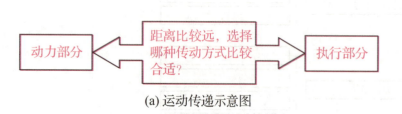

(a) 运动传递示意图　　　　　　　　(b) 摩托车

图 2-1-1　运动传递

 知识链接

在实际的生产生活中，经常会用到带传动，如图 2-1-2 所示为生产和生活中的带传动。

(a)运送物料

(b)拖拉机传动　　　　　(c)手扶电梯

图 2-1-2　各种带传动

一、带传动

1. 带传动的工作原理

如图 2-1-3 所示，带传动是由主动带轮 1、从动带轮 2 和紧套在两轮上的挠性带 3 组成。带传动就是利用带作为中间挠性件，依靠带与带轮之间的摩擦力或啮合力来传递运动和动力的。

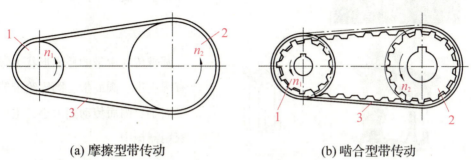

(a) 摩擦型带传动　　　　　(b) 啮合型带传动

图 2-1-3　带传动的组成

1—主动带轮；2—从动带轮；3—挠性带

2. 带传动传动比计算

带传动的传动比 i_{12} 是主动带轮转速 n_1 与从动带轮转速 n_2 之比，也等于两轮直径之反比。可用公式表示为

$$i_{12} = \frac{n_1}{n_2} = \frac{D_2}{D_1}$$

式中：n_1，n_2——主动轮、从动轮的转速，r/min；

D_1，D_2——主动轮、从动轮直径，mm。

3. 带传动的特点和应用

（1）传动带有弹性，能缓冲、吸振，传动较平稳，噪声小；

（2）摩擦带传动在过载时带在带轮上的打滑，可防止损坏其他零件，起安全保护作用。但不能保证准确的传动比。

（3）结构简单，制造成本低，适用于两轴中心距较大的传动。

（4）传动效率低，外廓尺寸大，对轴和轴承压力大，寿命短，不适合高温易燃场合。

4. 带传动的类型

带传动分为摩擦带传动和啮合带传动两大类。按带横截面的形状，带传动可分为平带传动、V 带传动、圆带传动、多楔带传动和同步带传动等。其中平带传动、V 带传动、圆带传动、多楔带传动为摩擦带传动，同步带传动为啮合带传动。摩擦带传动类型如表 2-1-1 所示。

表 2-1-1 摩擦带传动类型

序号	类型	图形	截面图	带传动特点
1	平带传动			平带传动中带的截面形状为矩形。工作时，带的内面是工作面，与圆柱形带轮工作面接触，属于平面摩擦传动
2	圆带传动			圆带传动中带的截面形状为圆形。圆形带有圆皮带、圆绳带、圆锦纶带等。其工作接触面小，因而传动能力小，主要用于仪器和家用器械中
3	V带传动			V带传动中带的截面形状为等腰梯形。工作时，带的两侧面是工作面，与带轮的环槽侧面接触，在相同的带张紧程度下，其承载能力比平带传动高。在一般的机械传动中，V带传动已成为常用的带传动装置
4	多楔带传动			多楔带传动中带的截面形状为多楔形。多楔带是以平带为基体，内表面具有若干等距纵向V形楔的环形传动带，其工作面为楔的侧面。它具有平带的柔软、V带摩擦力大的特点

同步带传动即啮合型带传动，如图 2-1-4 所示。它通过传动带内表面上等距分布的横向齿和带轮上的相应齿槽的啮合来传递运动。与摩擦型带传动比较，同步带传动的带轮和传动带之间没有相对滑动，能够保证严格的传动比。但同步带传动对中心距及其尺寸稳定性要求较高。

图 2-1-4 同步带传动

5. 常用平带传动的传动形式和应用场合（见表 2-1-2）

表 2-1-2　常用平带传动的传动形式和应用场合

	开口式	交叉式	半交叉式
传动形式			
传动简图			
应用场合	适用于两轴轴线平行且旋转方向相同的传动	适用于两轴轴线平行且旋转方向相反的传动	适用于两轴轴线不平行，两轮中间平面相互垂直的空间交错传动，且同向旋转

6. 带的安装与维护

（1）安装 V 带时，应调小中心距后将带套入，再慢慢调整中心距使带达到合适的张紧程度，用大拇指能将带按下 15 mm 左右，则张紧程度合适，如图 2-1-5 所示。

（2）安装带轮时，两带轮的轴线应相互平行，两带轮轮槽的对称平面应重合，其偏角误差应小于 20′，如图 2-1-6 所示。

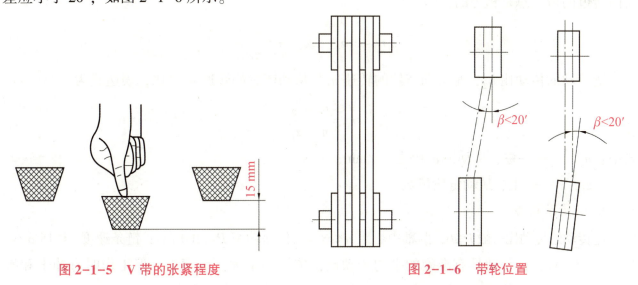

图 2-1-5　V 带的张紧程度　　　　图 2-1-6　带轮位置

（3）V 带在轮槽中应有正确的位置。V 带顶面应与轮槽顶面对齐或略高出一些，底面与槽底应有一定间隙，如图 2-1-7（a）所示。高出过多或带底与轮槽底面接触都是不正确的，如图 2-1-7（b）、图 2-1-7（c）所示。

(a) 正确　　　　　　　(b) 错误　　　　　　　(c) 错误

图 2-1-7　V 带在轮槽中的位置

（4）V 带传动必须安装防护罩，防止因润滑油、切削液或其他杂物等飞溅到 V 带上而影响传动，并防止伤人事故发生。

（5）在使用过程中应定期检查并及时调整。对一组 V 带，损坏时一般要成组更换，不能新旧混用。

二、链传动

1. 链传动的工作原理

如图 2-1-8 所示，链传动是由链条和具有特殊齿形的链轮组成，通过链轮轮齿与链条的啮合来传递运动和动力。

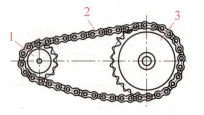 

图 2-1-8　链传动

1, 3—链轮；2—链条

2. 链传动传动比

链传动中，设主动链轮 1 的齿数为 z_1，转速为 n_1；从动链轮 3 的齿数为 z_2，转速为 n_2。主动链轮每转过一个齿，从动链轮也转过一个齿，故两链轮在相同时间内转过的齿数总是相等的，即

$$z_1 n_1 = z_2 n_2 \quad 或 \quad \frac{n_1}{n_2} = \frac{z_2}{z_1}$$

链传动的传动比 i_{12}，是主动链轮的转速 n_1 与从动链轮的转速 n_2 之比，表达式为

$$i_{12} = \frac{n_1}{n_2} = \frac{z_2}{z_1}$$

式中：n_1，n_2——主、从动链轮转速，r/min；

$\quad\quad z_1$，z_2——主、从动链轮齿数。

3. 链传动特点

链传动的传动比一般 $i \leqslant 6$；两轴中心距 $a \leqslant 6$ m，传递功率 $P \leqslant 100$ kW；链条速度 $v \leqslant 15$ m/s。与带传动比较，链传动具有准确的平均传动比，传动功率大，效率高，但工作时有冲击和噪声，因此，多用于传动平稳性要求不高，中心距较大，平行轴传动的场合。

4. 链传动常用类型

按照用途不同，链可分为起重链、牵引链和传动链三大类。

起重链主要用于起重机械中提起重物，其工作速度 $v \leqslant 0.25$ m/s；牵引链主要用于链式输送机中移动重物，其工作速度 v≤4 m/s；传动链用于一般机械中传递运动和动力，通常工作速度 v≤15 m/s。

传动链有齿形链和滚子链两种，如图 2-1-9 所示。齿形链是利用特定齿形的链片和链轮相啮合来实现传动的。滚子链由滚子、套筒、销轴、内链板和外链板组成。

(a)外导板齿形链

(b)内导板齿形链

(c)滚子链

图 2-1-9　传动链

齿形链传动平稳，噪声很小，故又称无声链传动。齿形链允许的工作速度可达 40 m/s，但制造成本高，质量大，故多用于高速或运动精度要求较高的场合。

滚子链有单排链、双排链和多排链，多排链的承载能力与排数成正比，但由于精度的影响，各排的载荷不易均匀，故排数不宜过多。

链传动有许多优点，与带传动相比，无弹性滑动和打滑现象，平均传动比准确，工作可靠，效率高；传递功率大，过载能力强，相同工况下的传动尺寸小；所需张紧力小，作用于轴上的压力小；能在高温、潮湿、多尘、有污染等恶劣环境中工作。链传动的缺点主要有：仅能用于两平行轴间的传动；成本高，易磨损，易伸长，传动平稳性差，运转时会产生附加动载荷、振动、冲击和噪声，不宜用在急速反向的传动中。

❖ **任务练习**

1. 填空题

(1) 带传动由_____、_____和_____组成。
(2) 带传动分为_____和_____两类。
(3) 按照用途不同，链可分为_____、_____和_____三大类。
(4) 常用平带传动的形式有_____、_____和_____三类。
(5) 滚子链由_____、_____、_____、_____和_____组成。

2. 简答题

(1) 带传动是怎么分类的？
(2) 带传动的优点和缺点是什么？
(3) 链传动的优点和缺点是什么？

3. 如图 2-1-10 所示，下列几种链应用场合，按照用途属于哪种链？

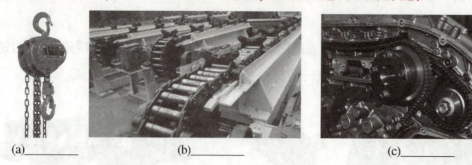

(a)_____　　　　(b)_____　　　　(c)_____

图 2-1-10　各种用途的链

❖ 任务拓展

阅读材料——V 带的张紧

带传动在工作时，带与带轮之间需要一定的张紧力。当带工作一段时间后，带被拉长而松弛就会发生打滑现象。那么，为了保证带的传动能力应该怎么做呢？

V 带传动的张紧方法有两种：增大中心距和使用张紧轮。

1. 调整中心距（增大中心距）

1）定期张紧

采用定期改变中心距的方法来调节带的预紧力，使带重新张紧，如图 2-1-11 所示。

2）自动张紧（图 2-1-12）

使用张紧轮，张紧轮为变带轮的包角或控制带的张紧力而压在带上的从动轮。

(a)调节螺钉　　　(b)调整螺母

图 2-1-11　定期张紧　　　　　图 2-1-12　自动张紧

V 带传动的张紧轮一般安装在松边内侧，靠近大带轮，以免减小小带轮的包角。如图 2-1-13 所示为 V 带张紧轮张紧，图 2-1-14 为平带传动带张紧轮张紧。

　　　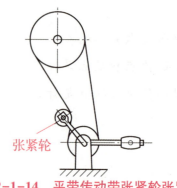

图 2-1-13　V 带张紧轮张紧　　　图 2-1-14　平带传动带张紧轮张紧

任务二　认识螺旋传动

机械传动主要指利用机械方式传递动力和运动的传动。其分为两类：一是靠机件间的摩擦力传递动力的摩擦传动，二是靠主动件与从动件啮合或借助中间件啮合传递动力或运动的啮合传动，螺旋传动为其中一种。

任务目标

1. 知道螺纹基本要素，了解螺纹类型；
2. 熟悉螺旋传动的应用形式；
3. 掌握螺旋传动特点。

任务描述

螺纹有外螺纹与内螺纹之分，它们共同组成螺旋副。如图 2-2-1 所示，扳手、台虎钳和千分尺都有共同的特点，它们都使用了螺旋传动，都是利用内、外螺纹组成的螺旋副将旋转运动转化为直线运动。

图 2-2-1　各种使用螺旋传动的物体

知识链接

螺纹按工作性质分为连接用螺纹和传动用螺纹。

一、螺纹基本要素

各种螺纹都是根据螺旋线原理加工而成，螺纹加工大部分采用机械化批量生产。小批量、单件产品，外螺纹可采用车床加工，如图 2-2-2（a）所示。内螺纹也可在车床上加工，也可先在工件上钻孔，再用丝锥攻制而成，如图 2-2-2（b）所示。

螺纹的基本要素包括牙型、直径（大径、小径、中径）、螺距和导程、线数、旋向等。

外螺纹加工 AR

(a) 外螺纹加工

(b) 内螺纹加工

图 2-2-2　螺纹加工

1. 牙型

在通过螺纹轴线的断面上，螺纹的轮廓形状称为螺纹牙型。常见的螺纹牙型有三角形（60°、55°）、梯形、锯齿形、矩形等，如图 2-2-3 所示。

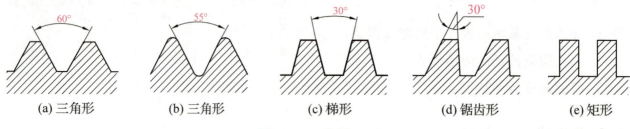

(a) 三角形　　(b) 三角形　　(c) 梯形　　(d) 锯齿形　　(e) 矩形

图 2-2-3　螺纹牙型

2. 直径（图 2-2-4）

大径 D、d 是指与外螺纹的牙顶或内螺纹的牙底相切的假想圆柱或圆锥的直径。内螺纹的大径用大写字母表示，外螺纹的大径用小写字母表示。

小径 d_1、D_1 是指与外螺纹的牙底或内螺纹的牙顶相切的假想圆柱或圆锥的直径。

中径 d_2、D_2 是指一个假想的圆柱或圆锥直径，该圆柱或圆锥的母线通过牙型上沟槽和凸起宽度相等的地方。

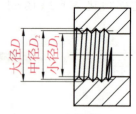

(a) 外螺纹　　(b) 内螺纹

图 2-2-4　螺纹的直径

公称直径代表螺纹尺寸的直径，普通螺纹的公称直径指螺纹大径。

3. 线数

螺纹有单线和多线之分。沿一条螺旋线形成的螺纹称为单线螺纹；沿两条或两条以上，在轴上等距分布的螺旋线形成的螺纹称为多线螺纹，如图 2-2-5 所示。螺纹的线数用 "n" 表示，如图 2-2-5（a）所示为单线螺纹，$n=1$；如图 2-2-5（b）所示为多线螺纹，$n=2$。

通常多线螺纹使用在精密仪器仪表中或需要快速旋入的场合。

4. 螺距（P）和导程（P_h）

（1）螺距是螺纹相邻两牙在中径线上对应两点间的轴向距离，用 P 表示。

（2）导程是同一条螺旋线上的螺纹，相邻两牙在中径线上对应两点间的轴向距离。对于单线螺纹有 $P_h = P$，对于多线螺纹有 $P_h = nP$，如图 2-2-5 所示。

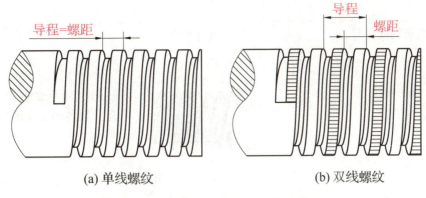

(a) 单线螺纹　　　　　　(b) 双线螺纹

图 2-2-5　螺纹的线数、导程和螺距

5. 旋向

螺纹分右旋和左旋两种。如图 2-2-6 所示，顺时针旋转时旋入的螺纹，称为右旋螺纹；逆时针旋转时旋入的螺纹，称为左旋螺纹。工程上常用右旋螺纹，但一些比较重要的安全场合如液化气罐就可能用到左旋螺纹。

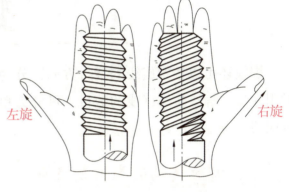

图 2-2-6　螺纹的旋向

二、螺纹的类型

常用螺纹的类型主要有普通螺纹、管螺纹、矩形螺纹、梯形螺纹和锯齿形螺纹。普通螺纹和管螺纹主要用于连接，其余三种则主要用于传动。除矩形螺纹外，其他螺纹都已标准化。螺纹分类如表 2-2-1 所示。

表 2-2-1　螺纹的分类

螺纹分类及特征符号			牙型及牙型角	说明
连接螺纹	普通螺纹	粗牙普通螺纹（M）	60°	用于一般零件的连接，是应用最广泛的连接螺纹
		细牙普通螺纹（M）		对同样的公称直径，细牙螺纹比粗牙螺纹的螺距要小，多用于精密零件、薄壁零件的连接
	管螺纹	55°非密封管螺纹（G）	55°	常用于低压管路系统连接的旋塞等管件附件中
		55°密封管螺纹　圆锥外螺纹（R）	55°	适用于密封性要求高的水管、油管、煤气管等中、高压的管路系统中
		圆锥内螺纹（R_C）		
		圆柱内螺纹（R_P）		

续表

螺纹分类及特征符号		牙型及牙型角	说明
传动螺纹	梯形螺纹（Tr）	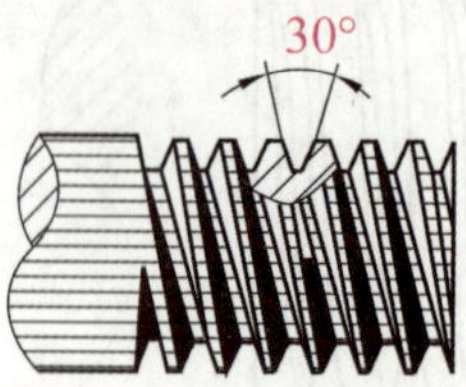 30°	用于须承受两个方向轴向力的场合，如各种机床的传动丝杠等
	锯齿形螺纹（B）	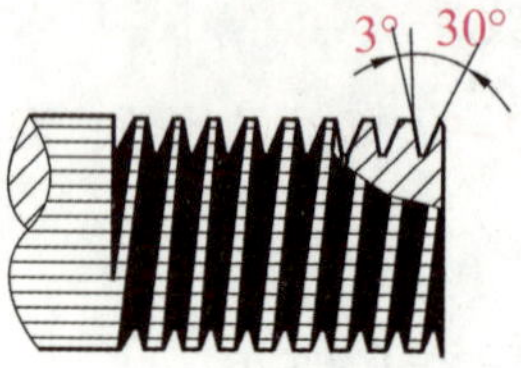 3° 30°	用于只承受单向轴向力的场合，如虎钳、千斤顶的丝杠等

螺纹还可以按螺旋线的绕行方向，分为左旋螺纹和右旋螺纹，一般多用右旋，特殊需要时用左旋。螺纹按螺旋线的数目，可分为单线螺纹和多线螺纹，为制造方便，螺纹一般不超过四线。

三、螺旋传动的类型及特点

螺旋传动根据用途可以分为传力螺旋、传导螺旋和调整螺旋。

传力螺旋以传递动力为主，能承受较大的轴向力。一般为间歇性工作，每次工作时间较短，且工作速度不高。通常要求有自锁功能。如千斤顶，搬动手柄对螺杆加一个转矩，则螺杆旋转并产生很大轴向力推力以举起重物。

传导螺旋以传递运动为主，常要求具有高的运动精度。一般在较长时间内连续工作，工作速度也较高。例如用于机床进给机构的传导螺旋，螺杆旋转，推动螺母连同滑板和刀架作直线运动。

调整螺旋用以调整并固定零件或部件之间的相对位置。用于带传动张紧的调整螺旋，如微调镗刀杆。螺旋传动类型如表2-2-2所示。

表2-2-2 螺旋传动类型

类型	图例	说明
传力螺旋		传力螺旋以传递动力为主，能承受较大的轴向力。一般为间歇性工作，每次工作时间较短，且工作速度不高。通常要求有自锁功能。如千斤顶，搬动手柄对螺杆加一个转矩，则螺杆旋转并产生很大轴向力推力以举起重物

续表

类型	图例	说明
传导螺旋		传导螺旋以传递运动为主，常要求具有高的运动精度。一般在较长时间内连续工作，工作速度也较高。例如用于机床进给机构的传导螺旋，螺杆旋转，推动螺母连同滑板和刀架作直线运动
调整螺旋		调整螺旋用以调整并固定零件或部件之间的相对位置。如机床卡盘、压力机的调整螺旋等。调整螺旋不经常转动，一般在空载下调整

螺旋传动按其螺旋副摩擦性质的不同，又可分为滑动螺旋传动、滚动螺旋传动和静压螺旋传动，其各自的特点和应用如表2-2-3所示。

表2-2-3　各类螺旋传动的特点和应用

种类	简要特点	应用
滑动螺旋传动	滑动螺旋的螺纹副中产生的是滑动摩擦，其结构简单，制造方便，运转平稳，易于自锁；但摩擦阻力大，传动效率低（为30%～40%），有侧向间隙，反向有空行程，低速有爬行	金属切削机床的进给、分度机构的传动螺旋，摩擦压力机、千斤顶的传力螺旋
滚动螺旋传动	滚动螺旋的螺纹副产生的是滚动摩擦，其摩擦阻力小，传动效率高（在90%以上），具有传动的可逆性，运转平稳，低速不爬行；经调整预紧，可获得很高的定位精度和较高的轴向刚度；但结构复杂，抗冲击性能较差，不具自锁性，多由专业厂制造	数控机床、精密机床、测试机械、仪器的传动螺旋和调整螺旋。飞行器、船舶等自控系统的传动螺旋和传力螺旋
静压螺旋传动	静压螺旋的螺旋副中产生的是液体摩擦，其传动效率高（可达99%），具有传动的可逆性，运转平稳，低速不爬行；反向时无空行程，定位精度高，磨损很小；螺母结构复杂，需有一套要求高的供油系统	数控机床、精密机床的进给、分度机构的传动螺旋

四、螺旋传动的应用

螺旋传动是利用螺旋副来传递运动和动力的一种机械传动，具有结构简单，工作连续、平稳，承载能力大，传动精度高等优点，但摩擦大，传动效率低，易磨损。

常用螺旋传动有普通螺旋传动、双螺旋传动和滚珠螺旋传动。螺纹传动的应用形式如

表 2-2-4 所示。

表 2-2-4 螺纹传动的应用形式

类型	图示	说明
普通螺旋传动（由螺杆和螺母组成的简单螺旋副实现的传动）	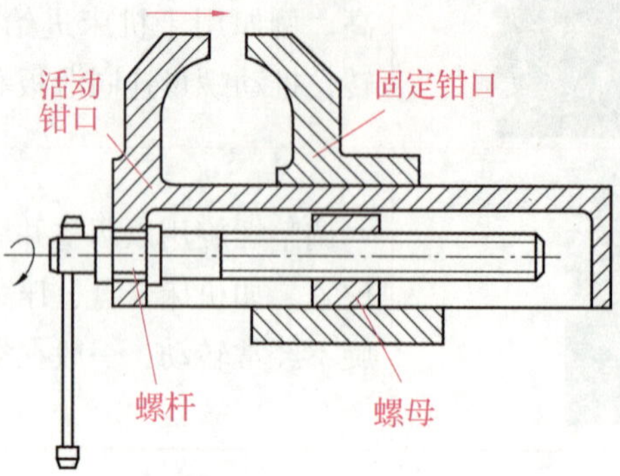 （活动钳口、固定钳口、螺杆、螺母）	螺母固定不动，螺杆回转并作直线运动。这种结构以固定螺母为主要支承，结构简单，但占据空间大
	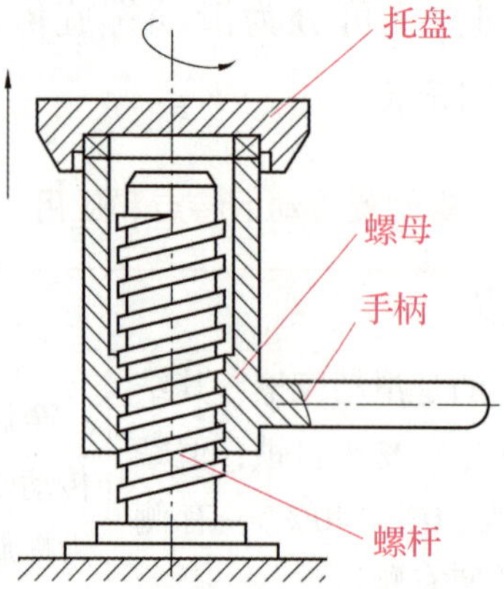 螺纹千斤顶（托盘、螺母、手柄、螺杆）	螺杆固定不动，螺母回转并作直线运动。由于螺杆固定不转动，因而两端支承结构较简单，但精度不高。如有些钻床工作台采用了这种运动方式
	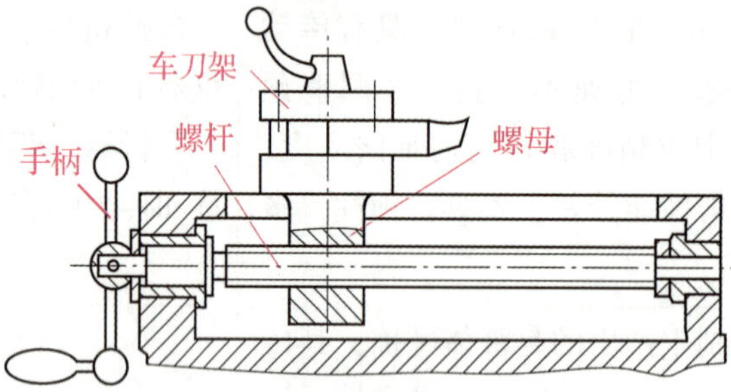 车床横刀架（车刀架、螺杆、螺母、手柄）	螺杆回转，螺母作直线运动。这种运动方式占据空间尺寸小，适用于长行程螺杆，但螺杆两端的轴承和螺母防转机构使其结构较复杂
	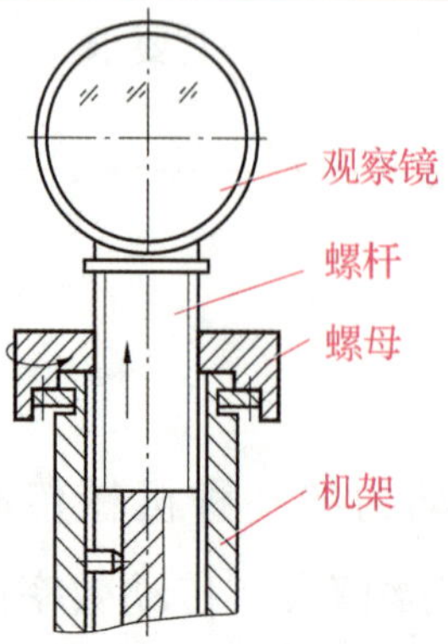 观察镜螺旋调整装置（观察镜、螺杆、螺母、机架）	螺母回转，螺杆作直线运动

续表

类型	图示	说明
双螺旋传动	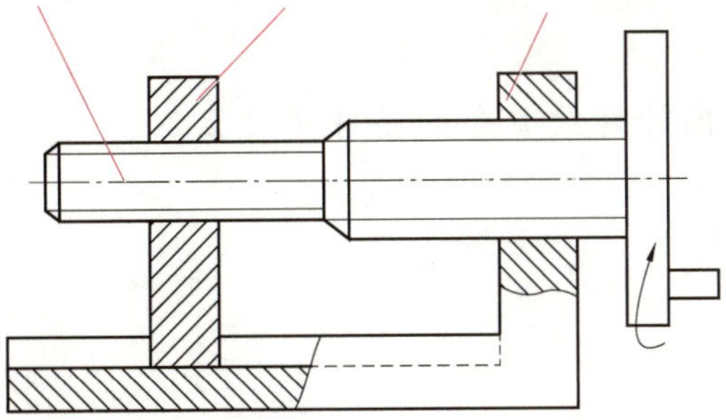	螺杆上有两段不同导程的螺纹（P_{h1} 和 P_{h2}），使活动螺母与螺杆产生不一致的螺旋传动，这种传动称为双螺旋传动
滚珠螺旋传动	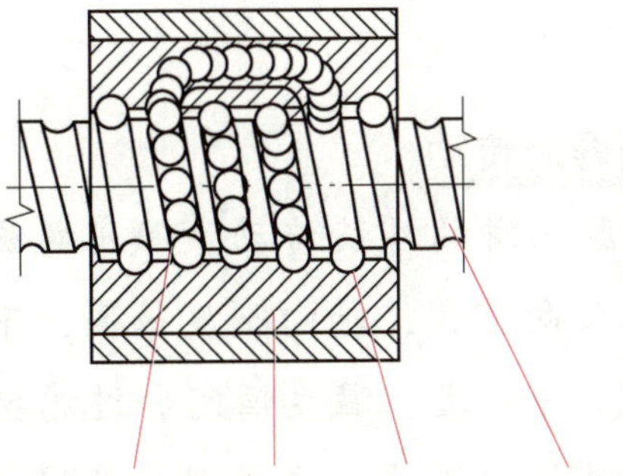 	当螺杆或螺母转动时，滚动体在螺杆与螺母间的螺纹滚道内滚动，使螺杆和螺母间为滚动摩擦，从而提高传动效率和传动精度

❖ 任务练习

1. 选择题

(1) 普通螺纹的公称直径是指（　　）。

A. 大径　　　　　　B. 小径　　　　　　C. 顶径　　　　　　D. 底径

(2) 下列哪种螺纹常用于连接螺纹使用（　　）。

A. 三角形螺纹　　　B. 梯形螺纹　　　　C. 锯齿形螺纹　　　D. 矩形螺纹

(3) 下列各标记中表示细牙普通螺纹的标记是（　　）。

A. M24-5H-20　　　　　　　　　　　B. M36×2-5g6g

C. Tr40×7-7H　　　　　　　　　　　D. Tr40×7-7e

(4) 公制普通螺纹的牙型角为（　　）。

A. 30°　　　　　　B. 55°　　　　　　C. 60°　　　　　　D. 3°

(5) 用螺纹密封管螺纹的外螺纹，其特征代号是（　　）。

A. R　　　　　　　B. R_c　　　　　　C. R_p　　　　　　D. M

2. 填空题

(1) 螺纹按照其用途不同，一般可分为_____、_____和_____。

(2) 普通三角螺纹的牙型角为_____度。

(3) 常用连接螺纹的旋向为_____旋。

(4) 双线螺纹的导程是单线螺纹的_____倍。

(5) 螺旋传动常将主动件的匀速旋转运动转换成从动件的_____运动。

3. 简答题

(1) 螺旋传动的特点是什么？

(2) 螺纹的基本要素是什么？内外螺纹旋合的条件是什么？

(3) 说明下面标记的含义。

M36×2-5g6g

Tr40×7-7H

◆ 任务拓展

阅读材料——静压螺旋传动

静压螺旋传动为螺纹工作面间形成液体静压油膜润滑的螺旋传动。静压螺旋传动摩擦系数小，传动效率可达99%，无磨损和爬行现象，无反向空程，轴向刚度很高，不自锁，具有传动的可逆性，但螺母结构复杂，而且需要有一套压力稳定、温度恒定和过滤要求高的供油系统。静压螺旋常被用作精密机床进给和分度机构的传导螺旋。这种螺旋采用梯形螺纹。在螺母每圈螺纹中径处开有3~6个间隔均匀的油腔。同一母线上同一侧的油腔连通，用一个节流阀控制。油泵将精滤后的高压油注入油腔，油经过摩擦面间缝隙后再由牙根处回油孔流回油箱。当螺杆未受载荷时，牙两侧的间隙和油压相同。当螺杆受向左的轴向力作用时，螺杆略向左移。当螺杆受径向力作用时，螺杆略向下移。当螺杆受弯矩作用时，螺杆略偏转。由于节流阀的作用，在微量移动后各油腔中油压发生变化，螺杆平衡于某一位置，保持某一油膜厚度。

静压螺旋传动与滑动螺旋和滚动螺旋传动相比，具有下列特点：

(1) 摩擦阻力小，效率高（可达99%）。

(2) 寿命长。螺纹表面不直接接触，能长期保持工作精度。

(3) 传动平稳，低速时无爬行现象。

(4) 传动精度和定位精度高。

(5) 具有传动可逆性，必要时应设置防止逆转机构。

(6) 需要一套可靠的供油系统，并且螺母结构复杂，加工比较困难。

任务三 认识齿轮传动和蜗杆传动

齿轮传动是机械传动中最重要、应用最广泛的传动之一。其中最常用的是渐开线齿轮传动，这主要是由于其传动特点所决定的。

任务目标

1. 知道齿轮传动的种类、特点；
2. 会计算齿轮传动的传动比；
3. 能说出齿轮传动在生活中的应用；
4. 了解蜗杆传动的特点，会判断旋向。

任务目标

如图2-3-1所示为减速器和常见齿轮。减速器传动机构中，平行轴间的传动用圆柱齿轮传动，相交轴间的传动用圆锥齿轮传动，空间两交错轴间的运动可以用蜗轮蜗杆来传递运动。

图 2-3-1 减速器和常见齿轮

知识链接

在电子产品普及前，我们使用的都是机械手表和闹钟，当你打开机械式的手表或闹钟的后盖时，就能看到齿轮是怎样进行啮合传动的。

一、认识齿轮传动

1. 齿轮传动的类型

齿轮是机械设备中常见的传动零件，它可用于传递动力、改变运动速度或旋转方向。
齿轮传动是啮合传动，靠主动轮齿和从动轮齿的相互啮合来传递运动和动力。
齿轮传动的类型如表2-3-1所示。

表 2-3-1 齿轮传动的常用类型

分类方式			类型	示图	特点
按照两轴的位置	平行轴	齿向	直齿轮		轮齿分布在圆柱体外表面且与其轴线平行,两轮的转动方向相反
			斜齿轮		轮齿与其轴线倾斜一个角度,沿螺旋线方向排列在圆柱体上。两轮转向相反,传动平稳,适合高速和重载传动,但有轴向力
			人字齿轮		它相当于两个全等、但螺旋方向相反的斜齿轮拼接而成,其轴向力被相互抵消。适合高速和重载传动,但制造成本较高
		啮合情况	齿轮齿条		齿数趋于无穷多的外齿轮演变成齿条,它与外齿轮啮合时,齿轮转动,齿条直线移动
			外啮合		两轮的轮齿排列在圆柱体的外表面上,两轮的转动方向相反
			内啮合		两轮的轮齿分别排列在圆柱体的内、外表面上,两轮的转动方向相同
	两轴不平行	相交轴齿轮传动	锥齿轮传动		轮齿沿圆锥母线排列于截锥表面,是相交轴齿轮传动的基本形式。制造较为简单
					轮齿是曲线形,有圆弧齿、螺旋齿等,传动平稳,适用于高速、重载传动,但制造成本高。现在汽车后桥都采用这种齿轮
		交错轴齿轮传动	交错轴斜齿轮传动		两螺旋角数值不等的斜齿轮啮合时,可组成两轴线任意交错传动,两轮齿为点接触,且滑动速度较大,主要用于传递运动或轻载传动
			蜗轮蜗杆传动		两轴垂直交错,广泛应用于机床、汽车、起重设备等传统机械中

续表

分类方式	类型	示图	特点
按照工作条件	开式		齿轮完全外露，易落入灰尘和杂物，不能保证良好的润滑，轮齿易磨损，多用于低速、不重要的场合
	半开式		装有简单的防护罩，有时还把大齿轮部分浸入油池中，比开式传动润滑好些，但仍不能严密防止灰尘及杂物的浸入，多用于农业机械、建筑机械及简单机械设备
	闭式		齿轮和轴承完全封闭在箱体内，能保证良好的润滑和较好的啮合精度，应用广泛。多用于汽车、机床及航空发动机等的齿轮传动中
按照齿形分	按照齿形分，还可以分为渐开线齿轮、摆线齿轮和圆弧齿轮		
按圆周速度分	高速齿轮传动（$v>15$ m/s）； 中速齿轮传动（$v=3\sim15$ m/s）； 低速齿轮传动（$v<3$ m/s）		
按承载能力分	重载齿轮传动； 中载齿轮传动； 轻载齿轮传动		

2. 齿轮传动的特点

优点：

（1）传动效率高（$\eta=99\%$）；

（2）传动比恒定（瞬时，精度较高时）；

（3）结构紧凑（较之于带、链传动）；

（4）工作可靠、寿命长、应用范围广。

缺点：

（1）制造、安装精度要求较高（专用机床和刀具加工）；

（2）不适于中心距较大两轴间传动；

（3）使用、维护、费用较高；

（4）精度低时，噪声、振动较大。

3. 齿轮传动比计算

传动比＝从动轮齿数 z_2／主动轮齿数 z_1＝主动轮转速 n_1／从动轮转速 n_2

$$i = z_2/z_1 = n_1/n_2$$

减速的齿轮速比是大于1的,增速的齿轮速比是小于1的。

当式中的转速为瞬时值时,则求得的传动比为瞬时传动比。当式中的转速为平均值时,则求得的传动比为平均传动比。理论上对于大多数渐开线齿廓正确的齿轮传动,瞬时传动比是不变的。

4. 齿轮传动的基本要求

一对齿轮的啮合传动是一个复杂的运动过程,为了保证正常传动,从传递运动和动力两方面考虑,必须满足以下两个基本要求。

1)传动平稳

要求齿轮在传动过程中,瞬时传动比恒定,噪声、冲击和振动要小。

2)承载能力强

要求齿轮的尺寸小、质量轻、强度高、耐磨性好,能传递较大的动力,而且使用寿命长。

二、蜗杆传动

1. 蜗杆传动的组成

蜗杆传动由蜗杆1和蜗轮2组成,如图2-3-2所示,用于传递空间两交错轴之间的运动和动力,两轴线投影夹角为90°,一般蜗杆为主动件。

2. 蜗杆传动的类型

蜗杆传动可分为圆柱蜗杆传动、环面蜗杆传动和锥蜗杆传动。圆柱蜗杆传动应用较广。圆柱蜗杆传动按蜗杆齿形,可分为阿基米德蜗杆传动、渐开线蜗杆传动和法向直廓蜗杆传动。阿基米德蜗杆加工简单,故应用最广(见表2-3-2)。

AR

图2-3-2 蜗杆传动组成

1—蜗杆;2—蜗轮

表2-3-2 蜗杆传动的分类

分类方法	类型		图片
按蜗杆形状分	圆柱蜗杆传动	阿基米德蜗杆	
		渐开线蜗杆	
		法向直廓蜗杆	
	环面蜗杆传动		
	锥蜗杆传动		

续表

分类方法	类型		图片
按蜗杆螺旋线方向分	右旋蜗杆		
	左旋蜗杆		
按蜗杆头数分	单头蜗杆	蜗杆上只有一条螺旋线	
	多头蜗杆	蜗杆上有两条或两条以上的螺旋线	

3. 蜗杆或蜗轮旋向

蜗杆传动时，蜗轮的回转方向不仅与蜗杆的回转方向有关，还与蜗杆的旋向有关。

1）判断蜗杆或蜗轮的旋向

右手法则：右手手心对着自己，四指顺着蜗杆或蜗轮轴线方向摆正，若齿向与右手拇指指向一致，则该蜗杆或蜗轮为右旋，反之则为左旋，如图2-3-3所示。

2）判断蜗轮的回转方向

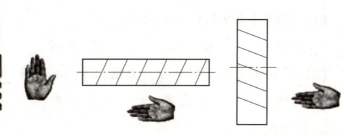

(a) 右旋蜗杆　　(b) 左旋蜗杆　　(c) 右旋蜗轮

图 2-3-3　判别蜗杆或蜗轮的旋向

左右手法则：左旋蜗杆用左手，右旋蜗杆用右手，四指弯曲表示蜗杆的回转方向，拇指伸直代表蜗杆的轴线，则拇指所指的相反方向为蜗轮上啮合点线速度方向，如图2-3-4所示。

4. 蜗杆传动特点

蜗杆传动与齿轮传动相比，主要有以下特点。

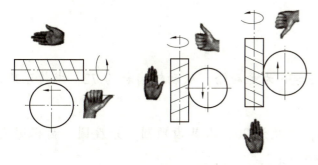

图 2-3-4　判别蜗轮的回转方向

（1）传动比大且准确，结构紧凑。

（2）传动平稳、噪声小。

（3）具有自锁性能。当蜗杆导程角小于摩擦角时，蜗轮不能带动蜗杆。常用在起重设备，如手动葫芦。

（4）发热和磨损较严重，传动效率低。

（5）成本较高，因为蜗轮需采用较贵重的青铜制造。

5. 蜗杆传动比计算

在蜗杆传动中，通常是蜗杆主动，蜗轮从动。设主动蜗杆转速为 n_1，头数为 z_1。从动蜗轮转速为 n_2，齿数为 z_2。则蜗杆传动的传动比为

$$i = \frac{n_1}{n_2} = \frac{z_2}{z_1}$$

❖ 任务练习

1. 填空题

（1）蜗杆与蜗轮的轴线在空间的位置为_____。
（2）蜗杆传动的组成_____。
（3）齿轮传动中增速传动比_____。
（4）按照齿形分，齿轮分为_____、_____、_____。

2. 选择题

（1）齿轮传动的瞬时传动比_____。
A. 变化　　　B. 恒定　　　C. 可调　　　D. 周期性变化
（2）一对齿轮要正确啮合，必须相等的参数是_____。
A. 齿数　　　B. 齿宽　　　C. 模数　　　D. 直径

3. 简答题

（1）齿轮传动特点是什么？
（2）蜗杆、蜗轮的旋向如何判定？
（3）蜗杆传动的特点是什么？

4. 计算题

（1）（1）已知一标准直齿圆柱齿轮的齿数 $z=36$ 为主动轮，从动轮齿数为72，求传动比。若模数为2，计算其中心距。

（2）已知一标准渐开线齿轮的齿距为6.28，齿数为20，求其齿顶圆、分度圆、齿根圆直径；另一与其啮合的主动齿轮的齿数为30，求传动比。

❖ 任务拓展

阅读材料——齿轮系

由两个以上的齿轮组成的传动称为齿轮系。齿轮系可实现分路传动和变速传动。

1. 齿轮系的类型

齿轮系分为两大类：定轴齿轮系（定轴线轮系或定轴轮系）和行星齿轮系（动轴线轮系或周转轮系）。

定轴齿轮系：当齿轮系运转时，若其中各齿轮的轴线相对于机架的位置始终固定不变，

则该齿轮系称为定轴齿轮系。如图 2-3-5 所示。定轴齿轮系分为平面定轴齿轮系、空间定轴齿轮系。

周转轮系：当齿轮运转时，其中存在齿轮的轴线相对于某一固定轴线或平面转动，则此轮系称为周转轮系，如图 2-3-6 所示。

图 2-3-5　定轴轮系　　　　图 2-3-6　周转轮系

2. 齿轮系的应用

（1）实现分路传动，如钟表时分秒指针。

（2）换向传动，如车床走刀丝杆三星轮系。

（3）实行变速传动，如减速箱齿轮系。

（4）运动分解，如汽车差速器。

（5）在尺寸及质量较小时，实行大功率传送。

任务四　机械润滑与密封

机械中的可动零、部件，在压力下接触而作相对运动时，其接触表面间就会产生摩擦，造成能量损耗和机械磨损，影响机械运动精度和使用寿命。因此，在机械设计中，考虑降低摩擦，减轻磨损，是非常重要的问题，其措施之一就是采用润滑。

任务目标

1. 知道润滑与密封的作用；
2. 了解润滑剂的种类、性能及选用；
3. 了解机械常用的润滑剂和润滑方法；
4. 掌握典型部件的润滑方法；
5. 了解常用的密封装置及其特点。

任务描述

我们在生活中，经常会遇到这样的现象，比如门上的合页、汽车门铰链等，使用时间过长或者过于频繁，经常会发出比较刺耳的摩擦声。这个时候，有生活经验的父辈会找点润滑油来消除这种现象。

知识链接

一般通过润滑剂来达到润滑的目的。另外，润滑剂还有防锈、减振、密封、传递动力等作用。充分利用现代的润滑技术能显著提高机器的使用性能和寿命，并减少能源消耗。

一、摩擦与磨损

摩擦是指具有相对运动的两个物体之间，在接触面上所产生的阻碍相对运动的现象。相互摩擦的两物体构成一个摩擦副。根据摩擦副的运动形式，可分为滑动摩擦和滚动摩擦；根据摩擦副的摩擦状态，可分为干摩擦、边界摩擦、流体摩擦及混合摩擦。

摩擦将导致机件表面材料的逐渐丧失或转移，形成磨损。磨损会降低机器工作可靠性，影响机器的精度，最终导致机器报废。

磨损主要分为黏着磨损、磨料磨损、疲劳磨损及腐蚀磨损等类型。

二、润滑的主要作用

1. 减少摩擦，减轻磨损

加入润滑剂后，在摩擦表面形成一层油膜，可防止金属直接接触，从而大大减少摩擦磨损，降低机械功率的损耗。

2. 降温冷却

摩擦表面经润滑后其摩擦因数大为降低，使摩擦发热量减少。当采用液体润滑剂循环润滑时，润滑油流过摩擦表面带走部分摩擦热量，起散热降温作用，保证运动副的温度不会升得过高。

3. 清洗作用

润滑油流过摩擦表面时，能够带走磨损落下的金属磨屑和污物。

4. 防止腐蚀

润滑剂中都含有防腐、防锈添加剂，吸附于零件表面的油膜，可避免或减少由腐蚀引起的损坏。

5. 缓冲减振作用

润滑剂都有在金属表面附着的能力，且本身的剪切阻力小，所以在运动副表面受到冲击载荷时，具有吸振的能力。

6. 密封作用

润滑脂具有自封作用，一方面可以防止润滑剂流失，另一方面可以防止水分和杂质的侵入。

润滑技术包括正确地选用润滑剂、采用合理的润滑方式并保持润滑剂的质量等。

三、润滑剂及其选用

生产中常用的润滑剂包括润滑油、润滑脂、固体润滑剂、气体润滑剂及添加剂等几大类。其中矿物油和皂基润滑脂性能稳定、成本低，应用最广。固体润滑剂如石墨、二硫化钼等耐高温、高压能力强，常用在高压、高温处或不允许有油、脂污染的场合，也可以作为润滑油或润滑脂的添加剂使用。气体润滑剂包括空气、氢气及一些惰性气体，其摩擦因数很小，在轻载高速时有良好的润滑性能。当一般润滑剂不能满足某些特殊要求时，往往有针对性地加入适量的添加剂来改善润滑剂的黏度、油性、抗氧化、抗锈、抗泡沫等性能。

1. 润滑油

润滑油的特点是流动性好、内摩擦因数小、冷却作用较好，可用于高速机械，更换润滑油时可不拆开机器。但它容易从箱体内流出，故常需采用结构比较复杂的密封装置，且需经常加油。

常用润滑油主要分为矿物润滑油、合成润滑油和动植物润滑油三类。

矿物润滑油主要是石油制品，具有规格品种多、稳定性好、防腐蚀性强、来源充足且价格较低等特点，因而应用广泛。主要有机械油、齿轮油、汽轮机油、机床专用油等。

合成润滑油具有独特的使用性能，主要用于特殊条件下，如高温、低温、防燃以及需要与橡胶、塑料接触的场合。

动植物油产量有限，且易变质，故只用于有特殊要求的设备或用作添加剂。

黏度是润滑油最重要的物理性能指标。润滑油黏度越大，承载能力也越大。润滑油的黏度并不是固定不变的，而是随着温度和压强的变化而变化的。当温度升高时，黏度降低；压力增大时，黏度增高。

润滑油的选用原则是载荷大或变载、冲击载荷、加工粗糙或未经跑合的表面，选黏度较高的润滑油；转速高时，为减少润滑油内部的摩擦功耗，或采用循环润滑等场合，宜选用黏度低的润滑油；工作温度高时，宜选用黏度高的润滑油。

2. 润滑脂

润滑脂习惯上称为黄油或干油，是一种稠化的润滑油，如图 2-4-1 所示。其油膜强度高、黏附性好、不易流失、密封简单、使用时间长、受温度的影响小，对载荷性质、运动速度的变化等有较大的适应范围，因此常应用在不允许润滑油滴落或漏出引起污染的地方（如纺织机械、食品机械等），加、换油不方便的地方，不清洁而又不易密封的地方（润滑脂本身就是密封介质），特别低速、重载或间歇、摇摆运动的机械等。润滑脂的缺点是内摩擦大，启动阻力大，流动性和散热性差，更换、清洗时需停机拆开机器。

选用润滑脂类型的主要根据是润滑零件的工作温度、工作速度和工作环境条件。

3. 固体润滑剂

为保护摩擦表面在作相对运动时免于损坏及减少其摩擦和磨损而在表面上使用的粉末状

(a)润滑脂　　　　　　　　　(b)润滑油

图 2-4-1　润滑脂和润滑油

或薄膜状固体称为固体润滑剂。固体润滑剂的使用温度范围宽、承载能力强、防黏滑性好、抗高真空、耐辐射、导电率范围宽、防腐、防尘，因此是一类特殊的润滑剂。

轴承在高温、低速、重载情况下工作，不宜采用润滑油或润滑脂时可采用固体润滑剂。

固体润滑剂可在摩擦表面形成固体膜，常用的固体润滑剂有石墨、聚四氟乙烯、二硫化钼、二硫化钨等。固体润滑剂的缺点是摩擦系数一般大于润滑油脂，能量损失较大；不能起冷却作用；制膜工艺复杂等。

固体润滑剂的使用方法如下。

① 调配到油或脂中使用。

② 涂敷或烧结到摩擦表面。

③ 渗入轴瓦材料或成形镶嵌在轴承中使用。

四、常用机械零部件的润滑

1. 润滑方法的分类和选择

润滑方法有分散润滑和集中润滑两大类。分散润滑是各个润滑点用独立的分散的润滑装置来润滑，这种润滑可以是连续的或间断的，有压的或无压的；集中润滑则是一台机器或一个车间的许多润滑点由一个润滑系统来同时润滑。

选择润滑方法主要考虑机器零部件的工作状况、采用的润滑剂及供油量要求。低速、轻载或不连续运转的机械需要油量少，一般采用简单的手工定期加油、手工定期加脂、滴油或油绳、油垫润滑。中速、中载较重要的机械，要求连续供油并起一定的冷却作用，常用油浴（浸油）、油环、溅油润滑或压力供油润滑。高速、轻载齿轮及轴承发热大的机械，用喷雾润滑效果较好。高速、重载、供油量要求大的重要部件应采用循环压力供油润滑。当机械设备中有大量润滑点或建立车间自动化润滑系统时可使用集中润滑装置。

2. 齿轮传动润滑

齿轮传动如果润滑不良，会导致齿面损伤，对齿轮传动进行润滑，不仅可以减轻齿面磨损、降低传动噪声，同时还能起到散热、防锈及延长齿轮传动使用寿命的作用。

齿轮传动主要是根据齿轮圆周速度的大小来选择润滑方式的，其中常用的润滑方式有以下几种。

1）浸油润滑

浸油润滑也称油浴润滑，是将齿轮副中的大齿轮浸入油中达到一定的深度，其深度取决于齿轮的圆周速度，当 $v \leq 12$ m/s 时，对一级齿轮传动，大齿轮浸入油中约一个齿高，如图 2-4-2（a）所示。过深会增大运转阻力，降低工作效率；过浅则不利于润滑。对多级齿轮传动，因高速级大齿轮无法达到要求的浸油深度，故采用带油轮辅助润滑，以将油带入高速级大齿轮表面，如图 2-4-2（b）所示。

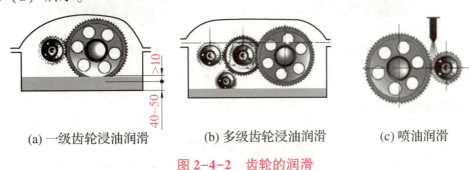

(a) 一级齿轮浸油润滑　　(b) 多级齿轮浸油润滑　　(c) 喷油润滑

图 2-4-2　齿轮的润滑

2）喷油润滑

喷油润滑是用液压泵将有一定压力的润滑油直接喷到齿轮的啮合表面进行润滑，如图 2-4-2（c）所示。其主要用于 $v>12$ m/s 的齿轮传动，此时圆周速度高、油液损耗较大，故不宜采用浸油润滑。

五、密封

密封是防止流体或固体微粒从相邻结合面间泄漏以及防止外界杂质（如灰尘与水分等）侵入机器设备内部的零部件或措施。

密封分为静密封和动密封两种方式。

静密封是指两个相对静止结合面的密封，如高压容器法兰的密封。静密封主要有垫密封、密封胶密封和直接接触密封三大类。根据工作压力，静密封又可分为中低压静密封和高压静密封。中低压静密封常用材质较软、宽度较宽的垫密封，高压静密封则用材质较硬、接触宽度很窄的金属垫片。

动密封是两个相对运动结合表面的密封，如常压的电动机、齿轮箱等机械，可以用密封润滑脂密封。动密封可以分为旋转密封和往复密封两种基本类型。按密封件与其作相对运动的零部件是否接触，可分为接触式密封和非接触式密封；按密封件的接触位置又可分为圆周密封和端面密封，端面密封又称为机械密封，如图 2-4-3 所示。动密封中的离心密封和螺旋密封，是借助机器运转时给介质以动力得到密封，故有时称为动力密封。

(a) 单端面机械密封　　　　　　　(b) 双端面机械密封

图 2-4-3　机械密封

常用的密封装置见表 2-4-1。

表 2-4-1　密封装置

名称	图形	结构特点	应用
法兰连接垫片密封		在两连接件（如法兰）的密封面之间垫上不同形式的密封垫片，如非金属或非金属与金属的复合垫片或金属垫片，然后用螺纹或螺栓拧紧，拧紧力使垫片产生弹性和塑性变形，从而达到密封的目的	密封压力和温度与连接件的形式及垫片的形式及材料有关。通常法兰连接密封用于温度在 $-70\ ℃\sim 600\ ℃$，压力大于 1.33 kPa（绝对）、小于 35 MPa 的场合。若采用特殊垫片，可用于更高的压力
研合面密封		靠两密封面的精密研配消除间隙，用外力压力（如螺栓）来保证密封。实际使用过程中，密封面往往涂敷密封胶，以提高严密性	密封面粗糙度 Ra 为 $2\sim5\ \mu m$，自封状态下，两密封面之间的间隙不大于 0.05 mm，通常密封 100 MPa 以下的压力及 550 ℃ 的介质，螺栓受力较大，多用于汽轮机、燃气轮机等气缸接面
非金属 O 形环密封		O 形环装入密封沟槽后，其截面一般会产生 15%～30% 的压缩变形，在介质压力下，移至沟槽的一边	密封性能好、寿命长、结构紧凑、装拆方便。根据选择不同的密封圈材料，可在温度范围为 $-100\ ℃\sim 250\ ℃$ 使用，密封压力可达 100 MPa，主要用于气缸、油缸的密封

❖ 任务练习

1. 填空题

（1）密封分为_____和_____两大类。

（2）润滑油的性能指标有：_____、_____、_____、_____。

（3）密封的作用是_____。

（4）固体润滑剂的缺点_____。

2. 简答题

（1）润滑的作用是什么？

（2）润滑油的特点是什么？

（3）齿轮润滑分为哪几类？

（4）密封的分类？

（5）固体润滑剂的优点是什么？

❖ 任务拓展

阅读材料——润滑方式与润滑装置

一、稀油润滑

1. 分散润滑

1）间歇无压润滑

润滑装置由油壶、压配式油杯、B型/C型弹簧盖油杯组成，利用簧底油壶或其他油壶将油注入孔中，油沿着摩擦表面流散形成暂时性油膜，适用于轻负荷或低速、间歇工作的摩擦副，如开式齿轮、链条、钢丝绳以及一些简易机械设备。

2）间歇压力润滑

润滑装置有直通式压注油杯、接头式注油杯、旋盖式注油杯，利用油枪加油，适用于载荷小、速度低、间歇工作的摩擦副，如金属加工机床、汽车、拖拉机、农业机器等。

3）连续无压润滑

油绳、油垫润滑：润滑装置有A型弹簧盖、油杯、毛毡制的油垫，利用油绳、油垫的毛细管产生的虹吸作用向摩擦副供油，适用于低速、轻负荷的轴套和一般机械。

滴油润滑：润滑装置有针阀式注油杯，利用油的自重一滴一滴地流到摩擦副上，滴落速度随油位改变，适用在数量不多而又容易靠近的摩擦副上，如机床导轨、齿轮、链条等部位的润滑。

油环、油链、油轮润滑：润滑装置有套在轴颈上的油环、油链，固定在轴颈上的油轮，油环套在轴颈上作自由旋转，油轮则固定在轴颈上。这些润滑装置随轴转动，将油从油池带入摩擦副的间隙中形成自动润滑，一般适用于轴颈连续旋转和旋转速度不低于 50~60 r/min 的水平轴的场合。如润滑齿轮和蜗轮减速机、高速传动轴和其他一些机械的轴承。

油池：润滑原理是油池润滑即飞溅润滑，是由装在密封机壳中的零件所作的运动来实现的，主要是用来润滑减速机内的齿轮装置、齿轮圆周速度不应超过 12~14 m/s。

4) 连续压力润滑

强制润滑：润滑装置为柱塞式油泵时，装在机壳中的柱塞油泵，靠它的往复运动来实现供油，适用于要求油压在 10 MPa 以下，润滑油需要量不大和支承相当大载荷的摩擦副；润滑装置为叶片式油泵时，叶片泵可装在机壳中，也可与被润滑的机械分开，靠转子和叶片转动来实现供油，适用于要求油在 0.3 MPa 以下、润滑油需要量不太多的摩擦副、变速箱等；润滑装置为齿轮泵，齿轮泵可装在机壳中，也可与被润滑的机械分开，靠齿轮旋转时供油，适用于要求油压在 1 MPa 以下、润滑油需要量多少不等的摩擦副。

喷射润滑：润滑装置为油泵、喷射阀，采用油泵直接加压实现喷射，适用于圆周速度大于 12~14 m/s，飞溅润滑效率较低时的闭式齿轮。

油雾润滑：润滑装置为油雾发生器凝缩嘴，以压缩空气为能源，借油雾发生器将润滑油形成油雾，随压缩空气管道送至凝缩嘴，凝缩成较大的油滴后，再送入摩擦副，实现润滑。适用于高速度的滚动轴承、滑动轴承、齿轮、蜗轮、链轮及滑动导轨等各种摩擦副。

2. 集中润滑

连续压力润滑：润滑装置为稀油润滑站，润滑站是由油箱、油泵、过滤器、阀等元件组成。用管子输送定量的压力油到各润滑点。主要用于金属切削机床、轧钢机等设备的大量润滑点或某些不易靠近的或靠近有危险的润滑点。

二、干油润滑

1. 分散润滑

(1) 间歇无压润滑：没有润滑装置，靠人工润滑脂涂到摩擦表面上，用在低速粗糙机器上。

(2) 连续无压润滑：润滑装置为设备的机壳，将适量的润滑脂填充在机壳中实现，适用于转速不超过 3 000 r/min、温度不超过 115 ℃ 的滚动轴承；圆周速度在 4.5 m/s 以下的摩擦副；重载荷的齿轮传动和蜗轮传动、链传动、钢丝绳等。

(3) 间歇压力润滑：润滑装置有旋盖式油杯、压注式油杯（直通式与接头式），旋盖式油杯是靠旋紧杯盖造成的压力将润滑脂压到摩擦副上，压注油杯是利用专门的带配帽的油（脂）枪，将油脂压入摩擦副，旋盖式油杯一般适用周围速度在 4.5 m/s 以下的各种摩擦副，压注油杯用于速度不大或负荷小的摩擦部件，以及当部件的构造要求采用小尺寸的润滑装置时使用。

2. 集中润滑

(1) 间歇压力润滑：润滑装置为安装在同一块板上的压注油杯，用油枪将脂压入摩擦副，适用于布置在加油不方便的地位上的各种摩擦副。

(2) 压力润滑：润滑装置为手动干油站，利用储油器中的活塞，将润滑脂压入油泵中，当摇动手柄时，油泵的柱塞即挤压润滑脂到给油器，并输送到润滑点，适用于单独设备的轴承及其他摩擦副。

(3) 连续压力润滑：电动干油站，柱塞泵通过电动机、减速机带动，将润滑脂从储油器中吸出，经换向阀，顺着给油主管向给油器压送。给油器在压力作用下开始动作，向各润滑点供送润滑脂。适用于润滑各种轧机的轴承及其他摩擦元件，此外也可以用于高炉、铸钢、破碎、烧结、吊车、电铲以及其他重型机械设备中。

风动干油站，用压缩空气作能源，驱动风泵，将润滑脂从储油器中吸出，经电磁换向阀，沿给油主管向各给油器压送润滑脂，给油器在具有压力的润滑脂和挤压作用下动作，向各润滑点供送润滑脂，用途范围与电动干油站一样。尤其在大型企业如冶金工厂，具有压缩空气管网设施的厂矿，或在用电源不方便的地方等可以考虑使用。

多点干油泵，由传动机构（电动机、齿轮、蜗轮蜗杆）带动凸轮，通过凸轮偏心矩的变化使柱塞进行径向往复运动，不停顿地定量输送润滑脂到润滑点（可以不用给油器等其他润滑元件），适用于重型机械和锻压设备的单机润滑，直接向设备的轴承座及各种摩擦副自动供送润滑脂。

三、固体润滑

(1) 整体润滑：不需要任何装置，材料本身实现润滑。主要材料有石墨、尼龙、聚四氟乙烯、聚酰亚胺、聚对羟基苯甲酸、氮化硼、氮化硅等。主要用于不宜使用润滑油、脂或温度很高（可达 1 000 ℃）或低温、深冷以及耐腐蚀等部位。

(2) 覆盖膜润滑：用物理或化学方法将石墨、二硫化钼、聚四氟乙烯、聚对羟基苯甲酸等材料，以薄膜形式覆盖于其他材料上，实现润滑。

(3) 组合、复合材料润滑：用石墨、二硫化钼、聚四氟乙烯、聚对羧基苯甲酸、氯化石墨等与其他材料作成组合或复合材料，实现润滑作用。

(4) 粉末润滑：把石墨、二硫化钼、二硫化钨、聚四氟乙烯等材料的微细粉末，直接涂敷于摩擦表面或盛于密闭容器（减速器壳体、汽车后桥齿轮包）内，靠搅动使粉末飞扬撒在摩擦表面实现润滑，也可用气流将粉末送入摩擦副。后者既能润滑又能冷却。这些粉末也可均匀地分散于润滑油、脂中，提高润滑效果，也可作为糊膏状或块状使用。

四、气体润滑

强制供气润滑。用洁净的压缩空气或其他气体，作为润滑剂摩擦副。如气体轴承等。其特点为提高运动精度。

项目三

用钳工基本技能制作工件

知识树

```
用钳工基本技能制作工件
├── 认识钳工的工作环境
│   ├── 钳工常用工具简介
│   ├── 钳工常用工具使用注意事项
│   ├── 钳工常用量具简介
│   ├── 常用量具的使用
│   └── 钳工常用设备常识
├── 学习划线基本知识与技能
│   ├── 划线的作用及种类
│   ├── 常用划线工具及其正确使用方法
│   ├── 划线基准的确定
│   └── 划线操作要点
├── 制作凹凸件
│   ├── 工量具知识
│   └── 相关知识
├── 制作六角螺母
│   ├── 万能分度头的工作原理
│   ├── 万能角度尺的结构与读数
│   └── 锪孔
└── 认识三坐标测量仪
    ├── 三坐标测量仪结构
    ├── 三坐标测量仪原理
    └── 三坐标测量仪维护保养方法
```

项目三　用钳工基本技能制作工件　85

 　认识钳工的工作环境

钳工具有工具简单，加工多样灵活，操作方便，适应面广等特点。目前虽然有各种先进的机械加工方法，但很多工作仍然需要由钳工来完成。钳工在保证机械加工质量中起着重要的作用，是不可缺少的重要工种之一。

任务目标

1. 认识钳工工作场地的常用设备；
2. 知道钳工加工的安全文明操作规程。

任务描述

随着机械工业的发展，钳工的工作范围以及需要掌握的技术知识和技能也发生了深刻变化，现已形成了钳工专业的进一步分工，如：普通钳工、划线钳工、修理钳工、装配钳工、模具钳工、工具钳工、钣金钳工等。无论哪一种钳工，要做好工作，就应掌握好钳工的各项基本操作技术，包括：零件的测量、划线、錾削、锯割、锉削、钻孔、扩孔、锪孔、铰孔、攻螺纹、套螺纹、刮削、研磨、矫直、弯曲、铆接、钣金下料及装配等。

知识链接

一、钳工常用工具简介

钳工常用工具的名称、图例和使用说明，如表 3-1-1 所示。

表 3-1-1　钳工常用工具

名称	图例	使用说明
手锤		手锤是用来敲击的工具，有金属手锤和非金属手锤两种。常用金属手锤有铜锤和钢锤两种；常用非金属手锤有塑锤、橡胶锤、木槌等。手锤的规格是以锤头的质量来表示的，如 0.5 磅、1 磅
螺丝旋具		主要作用是旋紧或松退螺丝。常见的螺丝旋具有一字形螺丝旋具，十字形螺丝旋具和双弯头形螺丝旋具三种

续表

名称	图例	使用说明
呆扳手		主要是旋紧或松退固定尺寸的螺栓或螺母。常见的呆扳手有单口扳手、梅花扳手、梅花开口扳手及开口扳手等。呆扳手的规格是以钳口开口的宽度标识的
活扳手		钳口的尺寸在一定范围内可自由调整，用来旋紧或松退螺栓螺母。活扳手的规格是以扳手全长尺寸标识的
管扳手		钳口有条状齿，常用于旋紧或松退圆管、磨损的螺母或螺栓。管扳手的规格是以扳手全尺寸标识的
夹持用手钳		夹持用手钳的主要作用是夹持材料或工件
夹持剪断用手钳		常见的夹持剪断用手钳有侧剪钳和尖嘴钳。夹持剪断用手钳的主要作用除可夹持材料或工件外，还可以用来剪断小型物件，如钢丝、电线等
拆装扣环用卡环手钳		有直轴用卡环手钳和套筒用卡环手钳。拆装扣环用卡环手钳的主要作用是装拆扣环，即可将扣环张开套入或移出环状凹槽
特殊手钳		常用的特殊手钳有剪切薄板、钢丝、电线的斜口钳；剥除电线外皮的剥皮钳；夹持扁物的扁嘴钳；夹持大型筒件的链管钳等

二、钳工常用工具使用注意事项

1. 手锤使用注意事项

（1）精制工件表面或硬化处理后的工件表面，应使用软面锤，以避免损伤工件表面。

（2）手锤使用前应仔细检查锤头与锤柄是否紧密连接，以免使用时锤头与锤柄脱离，造成意外事故。

（3）手锤锤头边缘若有毛边，应先磨除，以免破裂时造成工件及人员伤害。使用手锤时应配合工作性质，合理选择手锤的材质、规格和形状。

2. 螺丝旋具使用注意事项

（1）根据螺钉头的槽宽选用旋具，大小不合的旋具非但无法承受旋转力，而且也容易损伤钉槽。

（2）不可将螺丝旋具当作錾子、杠杆或划线工具使用。

3. 扳手使用注意事项

（1）根据工作性质选用适当的扳手，尽量使用呆扳手，少用活扳手。

（2）各种扳手的钳口宽度与钳柄长度有一定的比例，故不可加套管或用不正当的方法延长钳柄的长度，以增加使用时的扭力。

（3）选用呆扳手时，钳口宽度应与螺母宽度相当，以免损伤螺母。

（4）使用活扳手时，应向活动钳口方向旋转，使固定钳口受主要的力。

（5）扳手钳口若有损伤，应及时更换，以保证安全。

4. 手钳使用注意事项

（1）手钳主要是用来夹持或弯曲工件的，不可当手锤或起子使用。

（2）侧剪钳、斜口钳只可剪细的金属线或薄的金属板。

（3）应根据工作性质合理选用手钳。

三、钳工常用量具简介

钳工基本操作中常用的量具有钢直尺、刀口形直尺、内外卡钳、游标卡尺、千分尺、直角尺、万能游标量角器、塞尺（厚薄规）、百分表等。

钳工常用量具的名称、图例与功用如表 3-1-2 所示。

表 3-1-2 钳工常用量具

名称	图例	功能及用途
钢直尺		钢直尺是常用量具中最简单的一种量具。可用来测量工件长度、宽度、高度和深度等，规格有150 mm、300 mm、500 mm 和 1 000 mm 四种
游标卡尺		游标卡尺是一种中等精度的量具。可以直接测量工件的外径和内径、长度、宽度、深度和孔距等尺寸
千分尺		千分尺是一种精密量具，它的精度比游标卡尺高，而且比较灵敏，因此，一般用来测量精度要求较高的尺寸
百分表		百分表可用来检验机床精度和测量工件的尺寸、形状及位置误差等
万能游标量角器		万能游标量角器又称角度尺。是用来测量工件内外角度的量具，按游标的测量精度可分为Ⅰ型和Ⅱ型两种，测量范围是0°~320°
量块		量块是机械制造业中长度尺寸的标准。量块可对量具和量仪矫正检验，也可以用于精密划线和精密机床的调整，当与有关附件并用时，可以用于测量某种精度要求高的尺寸
塞尺		塞尺（又叫厚薄规或间隙片）是用来检验两个结合面之间间隙大小的片状量规

续表

名称	图例	功能及用途
直角尺		常用的有刀口角尺或宽座角尺等。可用于检验零部件的垂直度及用作划线的辅助工具
刀口形直尺		刀口形直尺主要用于检验工件的直线和平面度误差

四、常用量具的使用

1. 游标卡尺的刻线原理和读数

常见的游标卡尺按其测量精度分有 1/20 mm（0.05）、1/50 mm（0.02）和 1/10 mm（0.1）三种。

1）1/20 mm 游标卡尺

1/20 mm 游标卡尺的刻线原理如图 3-1-1 所示，副尺的刻线在 20 格内正好比主尺的 20 格少一格，因主尺的每格长度为 1 mm，且主、副尺的刻度是均匀的，所以副尺上每格的长度与主尺上每格的长度差 ΔL 为 1/20 mm，即：0.05 mm。

用游标卡尺测量工件时，其读数方法可分为三个步骤，如图 3-1-2 所示。

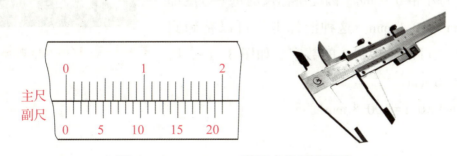

图 3-1-1　1/20 mm 游标卡尺刻线原理

4 mm+0.35 mm=4.35 mm

60 mm+0.05 mm=60.05 mm

22 mm+0.5 mm=22.5 mm

图 3-1-2　1/20 mm 游标卡尺读数方法

(1) 首先读出副尺游标零线左边主尺上所示的毫米整数。

(2) 其次根据副尺上哪一条刻线与主尺的刻线相对齐，从副尺上读出小于 1 mm 的尺寸（第一条零线不算，第二条起每格算 0.05 mm）。

(3) 最后把在主尺和副尺上读出的尺寸值加起来即为测得的尺寸值。

2) 1/50 mm 游标卡尺

1/50 mm 游标卡尺的刻线原理与 1/20 mm 游标卡尺类相同。不难得出副尺上每格的长度与主尺上每格长度的差 ΔL 为 1/50 mm，即：0.02 mm。如图 3-1-3 所示。

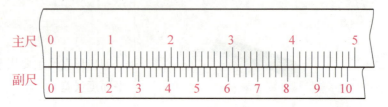

图 3-1-3　1/50 mm 游标卡尺的刻度原理

1/50 mm 游标卡尺测量时的读数方法与 1/20 mm 游标卡尺相同，如图 3-1-4 所示。

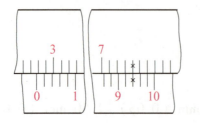 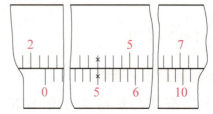

27 mm + 0.94 mm=27.94 mm　　　　21 mm + 0.5 mm=21.5 mm

图 3-1-4　1/50 mm 游标卡尺的读数方法

3) 1/10 mm 游标卡尺

精度 0.1 mm 的游标卡尺为 10 分度游标卡尺，主尺上一小格为 1 mm，而游标尺总长为 9 mm，这 9 mm 被分为 10 个小格，每小格 0.9 mm。因此游标尺的每一分度都比正常的 1 mm 小 0.1 mm。这种游标卡尺可以精确到 0.1 mm。其小数位可以是 0 到 9 的数字。如图 3-1-5 所示，读数为 100.8 mm。

图 3-1-5　1/10 mm 游标卡尺的读数

读数：100+8×0.1＝100.8 mm

2. 量块

如图 3-1-6 所示，量块是具有一对相互平行测量面和精确尺寸，且截面为矩形的长度测量工具。它是用不易变形的耐磨材料制成的，有较高的硬度和尺寸稳定性。量块是成套制作的，每套具有一定数量、不同尺寸的量块，常用的一般有 42 块、87 块、91 块

图 3-1-6　量块

等。同一次选用量块测量时，应尽可能采用最少的块数，以减少积累误差。用 87 块一套的量块（87 块与 42 块的量块中，含有四块护块，不含护块为 83 和 38 块。表 3-1-3 成套量块的编组中不含护块），一般不要超过四块；用 42 块一套的量块，一般不超过五块。在选用时，应首先选取最后一位数字，以后各块以此类推。例如，需要测量的尺寸为 48.245 mm 时，从 87 块一套的盒中应按以下步骤选取：

量块组的尺寸	48.245 mm
选用的第一块量块尺寸	1.005 mm
剩下的尺寸	48.245−1.005 = 47.24 mm
选用的第二块量块尺寸	1.24 mm
剩下的尺寸	47.24−1.24 = 46 mm
选用的第三块量块尺寸	6 mm
剩下的即为第四块尺寸	46−6 = 40 mm

即：48.2455 mm 由 1.005 mm+1.24 mm+6 mm+40 mm 组成。

表 3-1-3　成套量块的编组

套别	总块数	精度级别	尺寸系列（mm）	间隔（mm）	块数
1	91	00, 0, 1	0.5, 1	—	2
			1.001, 1.002, …, 1.009	0.001	9
			1.01, 1.02, …, 1.49	0.01	49
			1.5, 1.6, …, 1.9	0.1	5
			2.0, 2.5, …, 9.5	0.5	16
			10, 20, …, 100	10	10
2	83	00, 0, 1, 2, (3)	0.5, 1, 1.005	—	3
			1.01, 1.02, …, 1.49	0.01	49
			1.5, 1.6, …, 1.9	0.1	5
			2.0, 2.5, …, 9.5	0.5	16
			10, 20, …, 100	10	10
3	46	0, 1, 2	1	—	1
			1.001, 1.002, …, 1.009	0.001	9
			1.01, 1.02, …, 1.09	0.01	9
			1.1, 1.2, …, 1.9	0.1	9
			2, 3, …, 9	1	8
			10, 20, …, 100	10	10
4	38	0, 1, 2, (3)	1, 1.005	—	2
			1.01, 1.02, …, 1.09	0.01	9
			1.1, 1.2, …, 1.9	0.1	9
			2, 3, …, 9	1	8
			10, 20, …, 100	10	10

续表

套别	总块数	精度级别	尺寸系列（mm）	间隔（mm）	块数
5	10⁻	00，0，1	0.991，0.992，…，1	0.001	10
6	10⁺		1，1.001，…，1.009	0.001	10
7	10⁻		1.991，1.992，…，2	0.001	10
8	10⁺		2，2.001，…，2.009	0.001	10
9	8	00，0，1，2，(3)	125，150，175，200，250，300，400，500	—	8
10	5		600，700，800，900，1000	—	5

利用量块附件和量块组合来调整尺寸，用于测量外径、内径和高度的使用方法如图 3-1-7 所示：

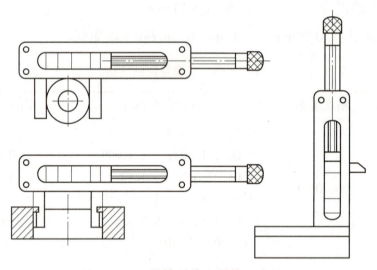

图 3-1-7 量块附件和量块组合使用

3. 塞尺

塞尺也称间隙片，俗称厚薄规。每一套由若干片组成，各片厚度不等，每片都标有厚度数值，如图 3-1-8 所示。

图 3-1-8 塞尺

使用塞尺时，根据被测间隙的大小，可用一片或数片重叠在一起插入间隙内。例如用 0.3 mm 的间隙片可以插入工件的缝隙，而 0.35 mm 的间隙片就插不进去，说明了被测的缝隙在 0.3~0.35 mm 之间。

在工厂里，塞尺也常用来近似地测量平面的直线度。其方法是把刚性直尺放在平面上，并使其两端支承在两条同样厚度的纸条上，然后用塞尺沿直尺长度方向测量直尺和平面间的间隙大小，就能近似得出平面的直线度。这种检验方法叫直线偏差法。

五、钳工常用设备常识

1. 钳工常用设备简介

钳工常用的设备有：钳台、台虎钳、砂轮机、台钻、立钻等。其图例、功用与相关知识如表 3-1-4 所示。

表 3-1-4　钳工常用设备

常用设备名称	图例	功能与相关知识
钳台		钳台也称钳工台或钳工桌，主要用于安装台虎钳。台面一般为长方形、六角形等，其长、宽尺寸由工作需要确定，高度一般为 800~900 mm 为宜
台虎钳		台虎钳是用来夹持工件的通用夹具，在钳台上安装台虎钳时必须使固定钳身的钳口工作，而处于钳台边缘之外，台虎钳必须牢固地固定在钳台上，两个固定螺钉必须拧紧
砂轮机		砂轮机主要是用来磨削各种刀具或工具的，如磨削錾子、钻头、刮刀、样冲、划针等，也可刃磨其他刀具

2. 设备使用常识

（1）台虎钳的安全操作注意事项。

①夹紧工件时只允许依靠手的力量扳紧手柄，不能用手锤敲击手柄或随意套上长管扳手柄，以免丝杠、螺母或钳身因受力过大而损坏。

②强力作业时，应尽量使力朝向固定钳身，否则丝杠和螺母会因受到较大的力而导致螺纹损坏。

③不要在活动钳身的光滑平面上敲击工件，以免降低它与固定钳身的配合性能。

④丝杠、螺母和其他活动表面，都应保持清洁并经常加油润滑和防锈，以延长使用寿命。

（2）砂轮机的安全操作注意事项。

砂轮机主要由砂轮、机架和电动机组成。工作时，砂轮的转速很高，很容易因系统不平衡而造成砂轮机的振动，因此要做好平衡调整工作，使其在工作中平稳旋转。由于砂轮质硬且脆，如使用不当容易产生砂轮碎裂而造成事故。因此，使用砂轮机时要严格遵守以下的安全操作注意事项：

①砂轮的旋转方向要正确，使磨屑向下飞离，不致伤人。

②砂轮机启动后，要等砂轮转速平稳后再开始磨削，若发现砂轮跳动明显，应及时停机修整。

③砂轮机的搁架与砂轮间的距离应保持在3 mm以内，以防磨削件轧入，造成事故。

④磨削过程中，操作者应站在砂轮的侧面或斜侧面，不要站在正对面。

(3) 钻床概述。

钻床的种类很多，常用的钻床有台式钻床、立式钻床和摇臂钻床等。各种常用钻床的操作特点和适用场合如表3-1-5所示。

表3-1-5 钻床的种类

名称	图例	操作特点	适用场合
台式钻床		钻孔时，拨动手柄使主轴上下移动，以实现进给和退刀。钻孔深度通过调节标杆上的螺母来控制。一般台式钻床有五挡不同的主轴转速。可通过安装在电动机主轴和钻床主轴上的一组V带轮来变换主轴转速	台式钻床转速高，使用灵活，效率高，适用于较小工件的钻孔。由于其最低转速较高，故不适宜进行锪孔和铰孔加工
立式钻床		通过操纵手柄，使进给变速箱沿立柱导轨上下移动，从而调节主轴至工作台的距离。摇动工作台手柄，也可使工作台沿立柱导轨上下移动，以适应不同尺寸的加工。在钻削大工件时，可将工作台拆除，将工件直接固定在底座上加工。最大钻孔直径有25 mm、35 mm、40 mm、50 mm等几种	立式钻床适宜加工小批，单件的中型工件。由于主轴变速和进给量调整范围较大，因此可进行钻孔、锪孔、铰孔和攻螺纹等加工
摇臂钻床		摇臂钻床操作灵活省力。钻孔时，摇臂可沿立柱上下升降和绕立柱在360°角范围内回转。主轴变速箱可沿摇臂导轨作大范围移动，便于钻孔时找正钻头的加工位置。摇臂和主轴变速箱位置调正结束后，必须锁紧，防止钻孔时产生摇晃而发生事故。可在大型工件上钻孔或在同一工件上钻多孔，最大钻孔直径可达80 mm	摇臂钻床的主轴变速范围和进给量调整范围广，所以加工范围广泛，可用于钻孔、扩孔、锪孔、铰孔和攻螺纹等加工

❖ 任务练习

1. 填空题

（1）手锤是用来敲击的工具，有_____和_____两种。

（2）常见的螺丝旋具有一字形螺丝旋具、_____和双弯头形螺丝旋具三种。

（3）呆扳手的规格是以_____的宽度标识的。

（4）精制工件表面或硬化处理后的工件表面，应使用_____，以避免损伤工件表面。

（5）钳工基本操作中常用的量具有钢直尺、刀口形直尺、内外卡钳、游标卡尺、_____、_____、万能游标量角器、塞尺（厚薄规）、百分表等。

2. 选择题

（1）万能游标量角器又称角度尺。是用来测量工件内外角度的量具，按游标的测量精度可分为（　　）两种。

　A. 2 和 3　　　　　B. 3 和 4　　　　　C. 3 和 5　　　　　D. 2 和 5

（2）常见的游标卡尺按其测量精度分有 1/20 mm（0.05）和（　　）两种。

　A. 1/30 mm（0.02）　　　　　B. 1/40 mm（0.02）

　C. 1/50 mm（0.02）　　　　　D. 1/60 mm（0.02）

（3）量块是成套制作的，每套具有一定数量、不同尺寸的量块，常用的一般有 42 块、87 块、（　　）等。

　A. 91 块　　　　　B. 93 块　　　　　C. 94 块　　　　　D. 95 块

3. 简答题

（1）简述台虎钳的安全操作注意事项。

（2）简述砂轮机的安全操作注意事项。

❖ 知识拓展

知识拓展——台虎钳的工作原理

台虎钳，又称虎钳，如图 3-1-9 所示。台虎钳是用来夹持工件的通用夹具。装置在工作台上，用以夹稳加工工件，为钳工车间必备工具。转盘式的钳体可旋转，使工件旋转到合适的工作位置。

它的结构是由钳体、底座、导螺母、丝杠、钳口体等组成。活动钳身通过导轨与固定钳身的导轨作滑动配合。丝杠装在活动钳身上，可以旋转，但不能轴向移动，并与安装在固定钳身内的丝杠螺母配合。当摇动手柄使丝杠旋转，就可以带动活动钳身相对于固定钳身作轴向移动，起夹紧或放松的作用。弹簧借助挡圈和开口销固定在丝杠上，其作用是当放松丝杠时，可使活动钳身及时退出。在固定钳身和活动钳身上，各装有钢制钳口，并用螺钉固定。钳口的工作面上制有交叉的网纹，使工件夹紧后不易产生滑动。钳口经过热处理淬硬，具有较好的耐磨性。固定钳身装在转座上，并能绕转座轴心线转动，当转到要求的方向时，扳动夹紧手柄使夹紧螺钉旋紧，便可在夹紧盘的作用下把固定钳身固紧。转座上有三个螺栓孔，用以与钳台固定。

回转式台虎钳的结构和工作原理如图 3-1-10 所示：

图 3-1-9　台虎钳

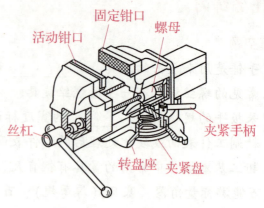

图 3-1-10　回转式台虎钳

台虎钳中有两种作用的螺纹：①螺钉将钳口固定在钳身上，夹紧螺钉旋紧将固定钳身紧固——连接作用；②旋转丝杠，带动活动钳身相对固定钳身移动，将丝杠的转动转变为活动钳身的直线运动，把丝杠的运动传到活动钳身上——传动作用，起传动作用的螺纹是传动螺纹。

任务二　学习划线基本知识与技能

划线是根据图样或实物的尺寸要求，用划线工具在毛坯或半成品上划出待加工部位的轮廓线或点的操作方法。

任务目标

1. 会正确使用各种划线工具；
2. 能进行一般零件的平面划线。

任务描述

在前面学习的过程中，工件在加工的过程中每一个作品都是有尺寸要求和精度要求的，当看到图纸后，工人能做出合格的工件吗？工件的各个部位应该加工多少？通过今天的学习我们应该能够根据图纸要求划出合格的加工轮廓线。

知识链接

一、划线的作用及种类

划线是根据图样或实物的尺寸要求，用划线工具在毛坯或半成品上划出待加工部位的轮廓线或点的操作方法。划线的精度一般为 0.25~0.5 mm。

划线有以下作用：

（1）确定工件上各加工面的加工位置和加工余量。

（2）可全面检查毛坯的形状和尺寸是否满足加工要求，及早发现不合格品，避免造成后续加工工时的浪费。

（3）当在坯料上出现某些缺陷的情况下，可通过划线的"借料"方法，起到一定的补救作用。

（4）在板料上划线下料，可做到正确排料，使材料合理使用。

划线有两种：

（1）平面划线——指只在工件某一个表面内划线，它与平面作图类似，如图 3-2-1（a）所示。

（2）立体划线——指在工件的不同表面（通常是相互垂直的表面）内划线，如图 3-2-1（b）所示。

对划线的要求是：线条清晰均匀，定形、定位尺寸准确。

划线是一项复杂、细致的重要工作，如果将划线划错，就会造成加工工件的报废。但工件的完工尺寸不能完全由划线确定，而应在加工过程中，通过测量以保证尺寸的准确性。

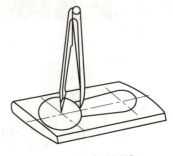

(a) 平面划线

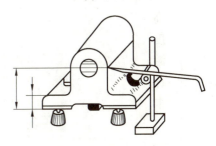

(b) 立体划线

图 3-2-1　划线种类

二、常用划线工具及其使用常识

划线工具按用途不同分为基准工具、量具、支承装夹工具和直接绘划工具等，见表 3-2-1。

表 3-2-1　常用划线工具及其正确使用方法

名称		图形	使用常识
基准工具	划线平台		划线平台又称平板，是用来安放工件和划线工具，并在其工作表面上完成划线过程的基准工具。划线平台的材料一般为铸铁。划线平台使用时要注意： ①安放时，要平稳牢固，上平面应保持水平； ②平板不准碰撞和用锤敲击，以免使其精度降低； ③要经常保持工作面清洁，防止铁屑、砂粒等划伤平台表平面； ④平台表面要均匀使用，以免局部磨损； ⑤长期不使用时，应涂油防锈，并加盖保护罩

名称		图 形	使用常识
量具	钢直尺		钢直尺是一种简单的测量工具和划直线的导向工具，在尺面上刻有尺寸刻线，最小刻线间距为 0.5 mm
	直角尺		直角尺在钳工中应用很广，它可作为划垂直线及平行线的导向工具，还可以找正工件在划线平台上的垂直位置，并可检查垂直面的垂直度或单个平面的平面度
	高度游标卡尺		高度游标卡尺是精密的量具及划线工具，它可用来测量高度尺寸，其量爪可直接划线。高度游标卡尺使用时要注意： ①一般用于半成品划线，若在毛坯上划线，易损坏其硬质合金划线脚； ②使用时，应是量爪垂直于工件表面并一次划出，而不能用量爪的两侧尖划线，以免侧尖磨损，降低划线精度
支承装夹工具	V形铁		V形铁主要用于安放轴、套筒等圆形工件，以确定中心并划出中心线。V形铁常用铸铁或碳钢制成，工作面为V形槽，两侧面互成90°或120°夹角。成对的V形铁必须成对加工，且不可单个使用，以免单个磨损后产生两者的高度尺寸误差
	方箱		方箱是铸铁制成的空心立方体，各相邻的两个面均互相垂直。方箱用于夹持支承尺寸较小而加工较多的工件。通过翻转方箱，可在工件的表面上划出互相垂直的线条
	千斤顶		千斤顶是在平板上支承较大及不规则工件时使用，其高度可以调整。通常用三个千斤顶支承工件
直接绘划工具	划针		划针是在工件表面上划线用的工具，常用的划针用高速钢或弹簧钢制成，有的划针在其尖端部位焊有硬质合金。划针使用注意事项： ①划线时，针尖要紧靠导向工具的边缘，上部向外侧倾斜15°到0°的同时，向划线移动方向倾斜45°~75°； ②针尖要保持锋利，划线要尽量一次完成； ③划线时，用力大小要均匀。水平线应自左向右划，竖直线自上往下划，倾斜线的走向趋势是自左下向右上方划，或自左上向右下划

续表

名称	图形	使用常识
直接绘划工具 — 划线盘		划线盘主要用于立体划线和找正工件的位置。由底座、立杆、划针和锁紧等组成。一般情况下,划针的直头用于划线,弯头用于找正工件位置。划线盘使用注意事项: ①划线时,划针应尽量处在水平位置,伸出部分应尽量短些; ②划线盘移动时,底面始终要与划线平台表面贴紧; ③划针沿划线方向与工件表面之间保持45°~75°; ④划线盘用完后,应使划针处于直立状态
直接绘划工具 — 划规	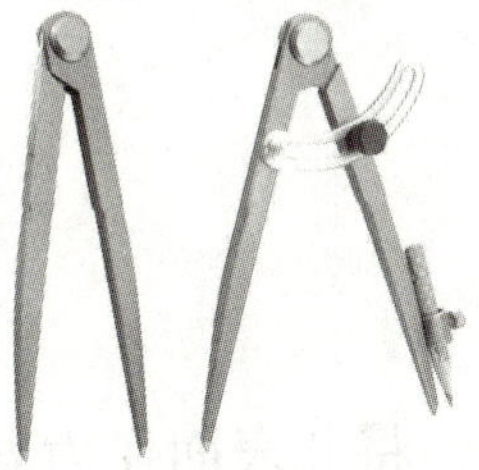	划规是用于划圆或弧线、等分线段及量取尺寸等的工具,它的用法与制图的圆规相似。划规使用注意事项: ①划规脚应保持锋利,以保证划出的线条清晰; ②用划规划圆时,作为旋转中心的一脚应加较大的压力,另一脚以较轻的压力在工作表面划出圆或圆弧
直接绘划工具 — 样冲		样冲用于在工件划线上打出样冲眼,以防划线模糊后找不到原划线的位置。在画圆和钻孔前,应在其中心打样冲眼,以便定心。样冲使用注意事项: ①冲眼时,先将样冲外倾使其端对准线的正中,然后再将样冲立直,冲点; ②冲眼应打在线宽之间,且间距要均匀。在曲线上冲点时,距离可大些,但短直线至少有三个冲点,在线条交叉、转折处必须冲点; ③冲眼的深浅要适当。薄工件或光滑表面冲眼要浅,孔的中心或粗糙表面冲眼要深些

三、划线基准的确定

基准就是工件上用来确定尺寸大小和位置关系所依据的一些点、线、面。在工件划线时所选用的基准为划线基准。

在设计图样上采用的基准为设计基准。在选用划线基准时,应尽可能使划线基准与设计基准一致。若工件上个别平面已加工过,则以加工过的平面为划线基准。若工件为毛坯,常选用重要孔的中心线为划线基准。若毛坯上无重要孔,则选较平整的大平面为划线基准。常见的划线基准有三种类型:

(1) 以两个相互垂直的平面(或直线)为基准,如图3-2-2(a)所示。
(2) 以一个平面与对称平面(或直线)为基准,如图3-2-2(b)所示。
(3) 以两个互相垂直的中心平面(或直线)为基准,如图3-2-2(c)所示。

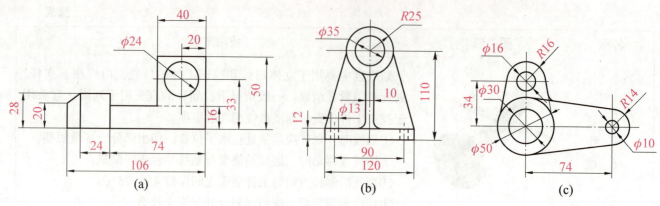

图 3-2-2 划线基准的种类

四、划线操作要点

1. 找正与借料

找正就是利用划线工具使工件的有关表面处于合适的位置,将此表面作为划线时的依据。

借料就是通过试划和调整,重新分配各个待加工面的加工余量,使各个待加工面都能顺利加工,借料是一种补救性的划线方法。

2. 划线前的准备工作

①工件准备。包括工件的清理、检查和表面涂色。

②工具准备。按工件图样的要求,选择所需工具,并检查和校验工具。

3. 操作时的注意事项

①看懂图样,了解零件的作用,分析零件的加工顺序和加工方法。

②工件夹持或支承要稳妥,以防滑倒或移动。

③在一次支承中应将要划出的平行线全部划完,以免再次支承补划,造成误差。

④正确使用划线工具,划出的线条要准确、清晰。

⑤划线完成后,要反复核对尺寸,才能进行机械加工。

❖ 任务练习

1. 填空题

(1) 划线平台又称平板,是用来安放工件和划线工具,并在其工作表面上完成划线过程的_____。

(2) 钢直尺是一种简单的测量工具和划直线的导向工具,在尺面上刻有尺寸刻线,最小刻线间距为_____。

(3) 高度游标卡尺是精密的量具及划线工具,它可用来测量高度尺寸,其量爪可_____。

(4) 划针是在工件表面上划针用的工具,常用的划线用_____或弹簧钢制成。

2. 选择题

(1) 划线时,针尖要紧靠导向工具的边缘,上部向外侧倾斜15°到0°的同时,向划线移动方向倾斜45°~(　　)。

A. 55°　　　　B. 60°　　　　C. 65°　　　　D. 75°

(2) V形铁主要用于安放轴、套筒等圆形工件,以确定中心并划出中心线,V形铁常用铸铁或碳钢制成,工作面为V形槽,两侧面互成90°或(　　)夹角。

A. 100°　　　B. 105°　　　C. 120°　　　D. 115°

(3) 划针沿划线方向与工件表面之间保持(　　)~75°。

A. 30°　　　　B. 40°　　　　C. 45°　　　　D. 50°

3. 简答题

(1) 划线的作用有哪些?

(2) 简述划线平台使用注意事项。

(3) 简述划针使用注意事项。

❖ 任务拓展

阅读材料——划线时的找正和借料

一、找正

找正就是利用划线工具使工件上有关的表面与基准面(如划线平板)之间处于合适的位置。

(1) 当工件上有不加工表面时,应按不加工表面找正后再划线,这样可使加工表面与不加工表面之间保持尺寸均匀。

(2) 当工件上有两个以上的不加工表面时,应选择重要的或较大的表面为找正依据,并兼顾其他不加工表面,这样可使划线后的加工表面与不加工表面之间尺寸比较均匀,而使误差集中到次要或不明显的部位。

(3) 当工件上没有不加工表面时,通过对各加工表面自身位置的找正后再划线,可使各加工表面的加工余量得到合理分配,避免加工余量相差悬殊。

二、借料

借料就是通过试划和调整,将各加工表面的加工余量合理分配,互相借用,从而保证各加工表面都有足够的加工余量,而误差或缺陷可在加工后排除。

(1) 测量工件的误差情况,找出偏移部位和测出偏移量。

(2) 确定借料方向和大小,合理分配各部位的加工余量,划出基准线。

(3) 以基准线为依据,按图样要求,依次划出其余各线。

任务三　制作凹凸件

本任务主要是培养学生职业素养和训练学生初步掌握钳工岗位中的锉配技能。

任务目标

1. 掌握具有对称度要求工件的划线方法；
2. 初步掌握具有对称度要求的工件加工和测量方法；
3. 熟悉直角小平面的加工方法；
4. 熟练掌握锉、锯、钻、攻丝的技能，并达到一定的加工精度；
5. 正确地检查修补各配合面的间隙，并达到锉配要求。

任务描述

本次任务将选择合适的加工工具和量具对钢板进行手工加工，并达到图样所示的要求。在加工过程中将接触到划线、锯削、锉削、钻孔和攻丝等钳工基本技能，加工中要注意工、量具的正确使用。

知识链接

一、工量具知识

1. 錾子

錾子是錾削中的主要工具。錾子一般用碳素工具钢T7、T8锻制而成，并经淬硬热处理，热处理后硬度可达56~62HRC。

1）錾子的种类及应用

錾子的形状是根据工件不同的錾削要求而设计的，钳工常用的錾子有扁錾、尖錾和油槽錾3种类型，如表3-3-1所示。

表3-3-1　錾子的种类

名称	图形	用途
扁錾		切削部分扁平，刃口略带弧形，用来錾削凸缘、毛刺和分割材料，应用最广泛

续表

名称	图形	用途
尖錾		切削刃较短，切削刃两端侧面略带倒锥，防止在錾削沟槽时，錾子被卡住，主要用于錾削沟槽和分割曲形板材
油槽錾		切削刃很短并呈现圆弧形。錾子斜面制成弯曲形，便于在曲面上錾削沟槽，主要用于錾削油槽

2) 錾子的切削角度及选用

錾子切削金属，必须具备两个基本条件：一是錾子切削部分材料的硬度，应该比被加工材料的硬度大；二是錾子切削部分要有合理的几何角度，主要是楔角。錾子在錾削时的几何角度，如图 3-3-1（a）所示。

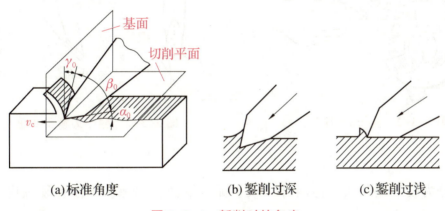

(a) 标准角度　　(b) 錾削过深　　(c) 錾削过浅

图 3-3-1　錾削时的角度

（1）前角 γ_0：它是前刀面与基面间的夹角。前角大时，被切金属的切屑变形小，切削省力。前角越大越省力，如图 3-3-1（a）所示。

（2）楔角 β_0：它是前刀面与后刀面之间的夹角。楔角越小，錾子刃口越锋利，錾削越省力。但楔角过小，会造成刃口薄弱，錾子强度差，刃口易崩裂；而楔角过大时，刀具强度虽好，但錾削很困难，錾削表面也不易平整。所以，錾子的楔角应在其强度允许的情况下，选择尽量小的数值。錾子錾削不同软硬材料，对錾子强度的要求不同。因此，錾子楔角主要应根据工件材料软硬来选择，如表 3-3-2 所示。

表 3-3-2　材料与楔角选用范围

材料	楔角范围
中碳钢、硬铸铁等硬材料	60°~70°
一般碳素结构钢、合金结构钢等中等硬度材料	50°~60°
低碳钢、铜、铝等软材料	30°~50°

(3)后角 α_0:它是錾子后刀面与切削平面之间的夹角,它的大小取决于錾子被掌握的方向。錾削时一般取后角 5°~8°,后角太大会使錾子切入材料太深,錾不动,甚至损坏錾子刃口,如图 3-3-1(b)所示;若后角太小,錾子容易从材料表面滑出,不能切入,即使能錾削,由于切入很浅,效率也不高,如图 3-3-1(c)所示。在錾削过程中应握稳錾子使后角 α_0 不变,否则,将使工件表面錾得高低不平。

由于基面垂直于切削平面,存在 $\alpha_0+\beta_0+\gamma_0=90°$ 的关系。当后角 α_0 一定时,前角 γ_0 由楔角 β_0 的大小来决定。

3)錾子的刃磨

錾子在磨削时,手握錾子的方法,如图 3-3-2 所示。錾子的刃磨部位主要是前刀面、后刀面及侧面。刃磨时,錾子在砂轮的全宽上作左右平行移动,这样既可以保证磨出的表面平整,又能使砂轮磨损均匀。如图 3-3-3 所示,两刃面要对称,刃口要平直。

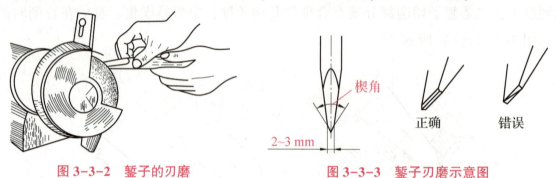

图 3-3-2 錾子的刃磨　　　　图 3-3-3 錾子刃磨示意图

2. 手锤

手锤一般分为硬手锤和软手锤两种。软手锤有铜锤、铝锤、木槌和硬橡皮锤等。软手锤一般用在装配、拆卸零件的过程中。硬手锤由碳钢(T7)淬硬制成。钳工所用的硬手锤有圆头和方头两种,如图 3-3-4 所示。

金属楔子上的反向棱槽能防止楔子脱落,如图 3-3-5 所示。

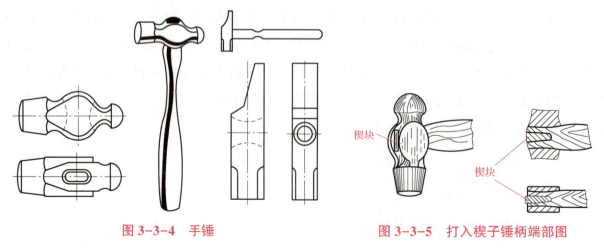

图 3-3-4 手锤　　　　图 3-3-5 打入楔子锤柄端部图

3. 内、外卡钳

内、外卡钳是测量长度的工具,如图 3-3-6 所示。外卡钳用于测量圆柱体的外径或物体的长度等。内卡钳用于测量圆柱孔的内径或槽宽等。

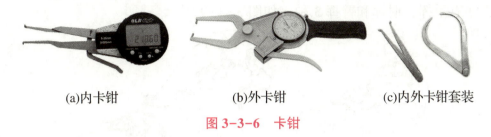

(a)内卡钳　　　　　　(b)外卡钳　　　　　　(c)内外卡钳套装

图 3-3-6　卡钳

二、相关知识

1. 錾削知识

1) 錾削概念

利用手锤敲击錾子对工件进行切削加工的一种工作。

2) 錾削注意事项

錾削时，眼睛注视切削部位，右手锤击时应从肩部（臂挥时）出锤，且保证出锤力量一致，要经常对錾子进行刃磨，保持錾子锋利。

3) 錾子的握法

錾削就是使用锤子敲击錾子的顶部，通过錾子下部的刀刃将毛坯上多余的金属去除。由于錾削方式和工件的加工部位不同，所以，手握錾子和挥锤的方法也有区别。图 3-3-7 所示为錾削时 3 种不同的握錾方法，正握法如图 3-3-7（a）所示，錾削较大平面和在台虎钳上錾削工件时常采用这种握法；反握法如图 3-3-7（b）所示，錾削工件的侧面和进行较小加工余量錾削时，常采用这种握法；

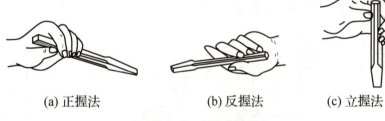

(a) 正握法　　　　　(b) 反握法　　　　　(c) 立握法

图 3-3-7　錾子的握法

立握法如图 3-3-7（c）所示，由上向下錾削板料和小平面时，多使用这种握法。

4) 手锤的握法

锤子的握法分紧握锤和松握锤两种。紧握法如图 3-3-8（a）所示，用右手食指、中指、无名指和小指紧握锤柄，锤柄伸出 15~30 mm，大拇指压在食指上。松握法如图 3-3-8（b）所示，只有大拇指和食指始终握紧锤柄。

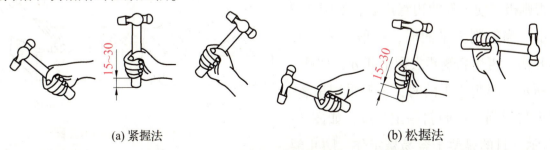

(a) 紧握法　　　　　　　　　　　　(b) 松握法

图 3-3-8　锤子的握法

5）挥锤方法

挥锤的方法有手挥、肘挥和臂挥 3 种，如图 3-3-9 所示。

(a) 肘挥　　　　　(b) 臂挥

图 3-3-9　挥锤方法示意图

6）錾削姿势

錾削时，两脚互成 45°角（左脚 30°，右脚 75°），左脚跨前半步（250~300 mm），右脚稍微朝后，如图 3-3-10 所示。

7）錾削不同零件的方法

（1）錾削平面。

錾削平面主要使用扁錾，起錾时，一般都应从工件的边缘尖角处着手，称为斜角起錾，如图 3-3-11 所示。

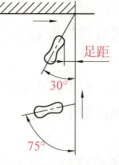 

(a) 錾削时双脚的位置　　(b) 錾削姿势

图 3-3-10　錾削姿势示意图

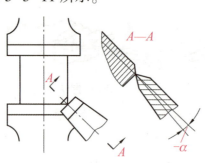 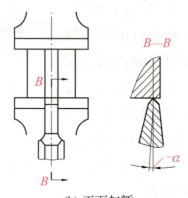

(a) 斜角起錾　　　　　(b) 正面起錾

图 3-3-11　起錾示意图

当錾削快到尽头时，必须调头錾削余下的部分，否则极易使工件的边缘崩裂，如图 3-3-12 所示。当錾削大平面时，一般应先用狭錾间隔开槽，再用扁錾錾去剩余部分，如图 3-3-13 所示。錾削小平面时，一般采用扁錾，使切削刃与錾削方向倾斜一定角度，如图 3-3-14 所示，目的是錾子容易稳定住，防止錾

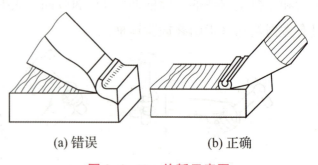

(a) 错误　　　　　(b) 正确

图 3-3-12　终錾示意图

子左右晃动而使錾出的表面不平。

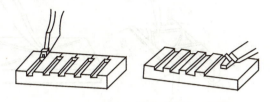

图 3-3-13　錾削大平面示意图

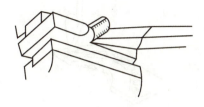

图 3-3-14　錾削小平面示意图

（2）錾削板料。

在没有剪切设备的情况下，可用錾削的方法分割薄板料或薄板工件，常见的有以下几种情况。

将薄板料牢固地夹持在台虎钳上，錾削线与钳口平齐，然后用扁錾沿着钳口并斜对着薄板料（约成45°）自右向左錾削，如图3-3-15所示。錾削时，錾子的刃口不能平对着薄板料錾削，否则錾削时不仅费力，而且由于薄板料的弹动和变形，造成切断处产生不平整或撕裂，形成废品。图3-3-16所示为错误錾削薄板料的方法。

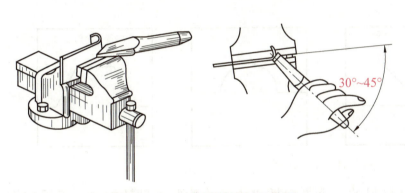

图 3-3-15　薄板料錾削示意图

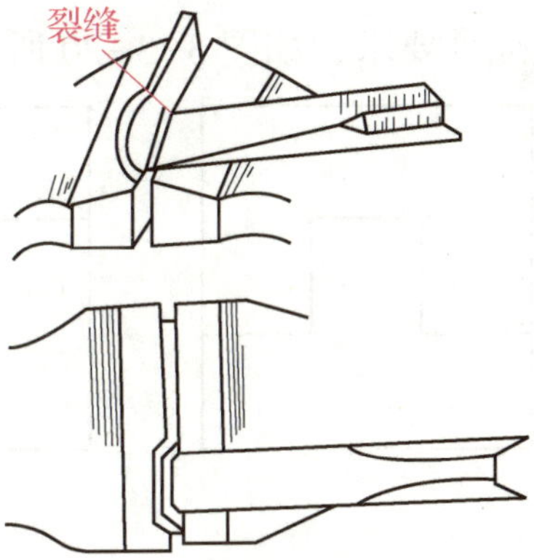

图 3-3-16　错误錾削薄板料示意图

錾削较大薄板料时，当薄板料不能在台虎钳上进行錾削时，可用软钳铁垫在铁板或平板上，然后从一面沿錾削线（必要时距錾削线2 mm左右作加工余量）进行錾削，如图3-3-17所示。

錾削形状较为复杂的薄板工件时，当工件轮廓线较复杂的时候，为了减少工件变形，一般先按轮廓线钻出密集的排孔，然后利用扁錾、尖錾逐步錾削，如图3-3-18所示。

图 3-3-17　錾削较大薄板料示意图

（3）錾削油槽。

錾削油槽，如图3-3-19所示。

2．锉配相关知识

1）锉配的应用

锉配应用十分广泛，如日常生活中的配钥匙，工业生产中的配件，制作各种样板，专用检测、各种注塑、冲裁模具的制造，装配调试修理等都离不开锉配。

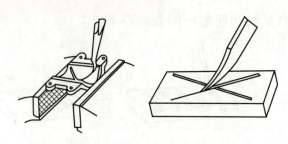

图 3-3-18　錾削形状复杂薄板料示意图　　　　图 3-3-19　錾削油槽

由于锉配应用的广泛，形式多样、灵活，熟练掌握锉配技能，具有十分重要的意义。

2）锉配的类型

（1）按其配合形式不同可分为：

平面锉配、角度锉配、圆弧锉配和上述三中锉配形式组合在一起的混合锉配。

（2）按配合的方向不同可分为：

对配——锉配件可以面对面地修锉配合，一般的多为对称，要求翻转配合，正反配均能达到配合要求，如图 3-3-20 所示。

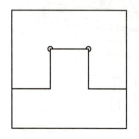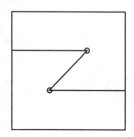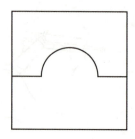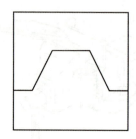

图 3-3-20　对配

镶配——像燕尾槽一样，只能从材料的一个方向插进去，一般要求翻转配合。正反配均能达配合要求，如图 3-3-21 所示。

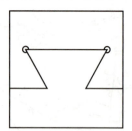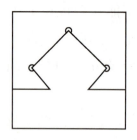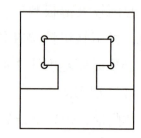

图 3-3-21　镶配

嵌配（镶嵌）——是把工件嵌装在封闭的形体内，一般要求的方位错次翻转配合，如图 3-3-22 所示。

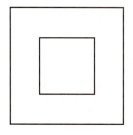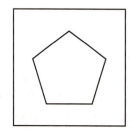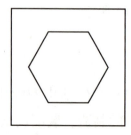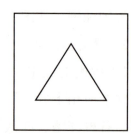

图 3-3-22　嵌配

盲配（暗配）——对称，为不许对配与互配的锉配。由他人在检查时锯下，判断配合是否达到规定要求，如图 3-3-23 所示。

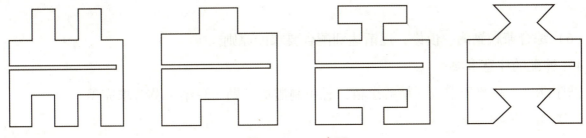

图 3-3-23　盲配

多件配——多个配合件组合在一起的锉配，要求互相翻转，变换配合件中的任一件的一定位置均能达到配合要求，如图 3-3-24 所示。

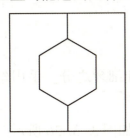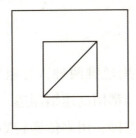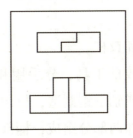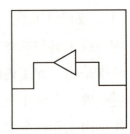

图 3-3-24　多件配

旋转配——旋转配合件，多次在不同固定位置均能达到配合要求，如图 3-3-25 所示。

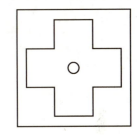

（3）按锉配的精度要求不同可分为：

初等精度要求——配合间隙在 0.06～0.10 mm。Ra3.2 μm。各加工面平行度、垂直度均≤0.04～0.06 mm。

图 3-3-25　旋转配

中等精度要求——配合间隙在 0.04～0.06 mm。Ra1.6 μm。各加工面平行度、垂直度均≤0.02～0.04 mm。

高等精度要求——配合间隙在 0.02～0.04 mm。Ra0.8 μm。各加工面平行度、垂直度均≤0.02 mm。

（4）按锉配的复杂程度可分为：

简单锉配——由两个工件配合，初等精度要求，单件配合面在 5 个以下的锉配。

复杂锉配——混合式锉配，中等精度要求，单件配合面在 5 个以上的锉配。

精密锉配——多级混合式锉配，高精度要求，单件配合面在 10 个以上的锉配。

3）锉配的一般原则

（1）凸件先加工，凹件后加工的原则。

（2）对称性零件先加工一侧，以利于间接测量。

（3）按中间公差加工的原则。

（4）最小误差原则——为保证获得较高的锉配精度，应选择有关的外表面作划线和测量的基准。因此，基准面应达到最几何位公差要求。

（5）在标准量具不便或不能测量的情况下，先制作辅助检测器具，或采用间接测量的方法。

（6）综合兼顾勤测、慎修，逐渐达到配合要求的原则。

4）锉配的注意事项

循序渐进，忌急于求成；精益求精，忌粗制滥造；勤于总结、莫苛求完美。

3. 攻螺纹和套螺纹

1）攻螺纹

用丝锥在工件孔中切削出内螺纹的加工方法称为攻螺纹（俗称攻丝）。单件小批生产中采用手动攻螺纹，大批量生产中则多采用机动（在车床或钻床上）攻螺纹。

（1）攻螺纹工具。

攻螺纹工具包括丝锥和铰杠。

丝锥是钳工加工内螺纹的工具，分手用和机用丝锥两种，有粗牙和细牙之分。手用丝锥的材料一般用合金工具钢或轴承钢制造，机用丝锥都用高速钢制造。

丝锥由工作部分和柄部两部分组成，柄部有方榫，用来传递转矩，如图3-3-26所示。工作部分包括切削部分和校准部分。

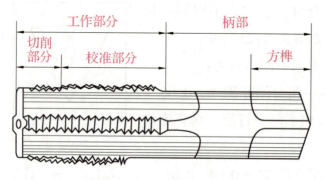

图3-3-26 丝锥的构造

铰杠是用来夹持丝锥柄部方榫，带动丝锥旋转切削的工具。铰杠有普通铰杠和丁字铰杠两类，各类铰杠又分为固定式和活络式两种，如图3-3-27所示。

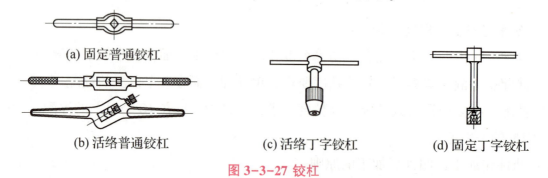

(a) 固定普通铰杠　　(b) 活络普通铰杠　　(c) 活络丁字铰杠　　(d) 固定丁字铰杠

图3-3-27 铰杠

（2）攻螺纹的注意事项。

用丝锥攻螺纹时，两手用力要均匀，并经常倒转半圈左右，这样有利于排屑，也可避免因切屑堵塞而损坏或折断丝锥。

为了提高螺纹质量和减小摩擦，攻螺纹时一般应加润滑油。在钢料上攻螺纹可加机油或煤油；在铸铁材料上攻螺纹一般不加润滑油，但若螺纹表面质量要求较高，则应适当加些煤油。

攻盲孔螺纹时，应在丝锥上做好标记，以防攻到尺寸深度后再强行攻入，致使丝锥折断。

（3）攻螺纹的方法。

螺纹底孔直径。用丝锥加工螺纹时，螺纹底孔直径应大于螺纹小径，否则就会将丝锥扎住或挤断。确定钻头底孔直径的大小要根据工件的材料、螺纹直径大小来考虑。

攻螺纹的步骤：

攻螺纹前，工件在虎钳上装夹，并在底孔孔口处倒角，其直径略大于螺纹大径。

开始攻螺纹时，应将丝锥放正，用力要适当。

当切入1~2圈时，观察和校正丝锥的轴线方向，要边工作、边检查、边校准。当旋入3~4圈时，丝锥的位置正确，转动铰杠丝锥将自然攻入工件，不对丝锥施加压力，否则将损坏牙型。

工作中，丝锥每转1/2圈至1圈时，丝锥要倒转1/2圈，将切屑切断并挤出，尤其是攻不通螺纹孔时，要及时退出丝锥排屑。

攻螺纹过程中，换用后一支丝锥攻螺纹时要用手将丝锥旋入已攻出螺纹中，至不能再旋入时，再改用铰杠夹持丝锥工作。

在塑料上攻螺纹时，要加机油或切削液润滑。

将丝锥推出时，最好卸下铰杠，用手旋出丝锥，保证螺孔的质量。

（4）取断丝锥的方法。

方法一：反向敲击法，用錾子或冲子反向敲击丝锥。

方法二：反转法，用钢丝插入丝锥排屑槽中反转。

方法三：焊接法，在露出的丝锥上焊一长杆，然后反转长杆。

方法四：退火钻法。

2）套螺纹

用板牙在圆棒上切出外螺纹的加工方法称为套螺纹（俗称套扣）。单件小批生产中采用手动套螺纹，大批量生产中则多采用机动（在车床或钻床上）套螺纹。

（1）套螺纹工具。

板牙分为圆板牙和管螺纹板牙。

圆板牙是加工外螺纹的工具，由切削部分、校准部分和排屑孔组成，其外形像一个圆螺母，在它上面钻有几个排屑孔（一般3~8个孔，螺纹直径大则孔多）形成刀刃，如图3-3-28所示。

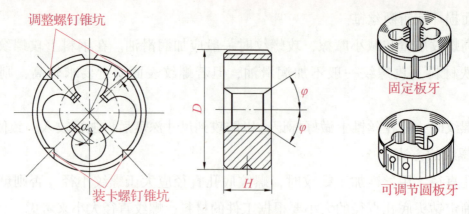

图 3-3-28 圆板牙

圆板牙的前刀面就是圆孔的部分曲线,故前角数值沿着切削刃而变化,如图 3-3-29 所示。

圆锥管螺纹板牙的基本结构也与圆板牙相仿,如图 3-3-30 所示。

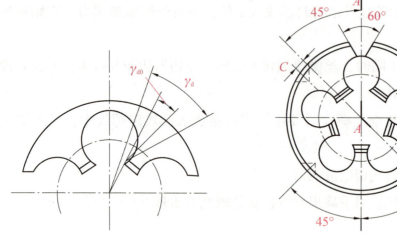

图 3-3-29 圆板牙的前角　　　　图 3-3-30 圆锥管螺纹板牙

板牙架是手工套螺纹时的辅助工具,如图 3-3-31 所示。板牙架外圆旋有四只紧定螺钉和一只调松螺钉。使用时,紧定螺钉将板牙紧固在板牙架中,并传递套螺纹的转矩。当使用的圆板牙带有 V 形调整通槽时,通过调节上面两只紧定螺钉和调整螺钉,可使板牙在一定范围内变动。

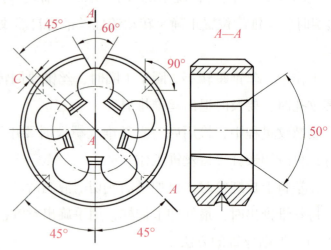

图 3-3-31 板牙架

(2) 套螺纹的注意事项。

板牙端面应与圆杆轴线垂直,以防螺纹歪斜。

开始套入时,应适当加以轴向压力,切入 2~3 牙后不再用压力,让板牙旋转自然切入,以免损坏螺纹和板牙。

套螺纹过程中,要经常反转,以便断屑和排屑。

一般应加切削液，以提高套螺纹质量和延长板牙的使用寿命。

（3）套螺纹的方法。

套螺纹前圆杆直径的确定与丝锥攻螺纹一样，用板牙在工件上套螺纹时，材料同样因受到挤压而变形，牙顶将被挤高一些。因此圆杆直径应稍小于螺纹大径的尺寸。圆杆直径可根据螺纹直径和材料的性质，查表选择。一般硬质材料直径可大些，软质材料可稍小些。

套螺纹圆杆直径也可用经验公式来确定：

$$d_{杆} = d - 0.13p$$

（4）套螺纹的步骤。

开始套螺纹时，应使板牙端面与圆杆轴线垂直，可用手掌按住板牙中心，适当施加压力并转动铰杠。当板牙切入圆杆 1～2 圈时，目测检查和校正板牙的位置。当板牙切入圆杆 3～4 圈时，停止施加压力。平稳地转动铰杠，靠板牙螺纹自然旋进套螺纹，至套螺纹结束。

❖ **任务练习**

1. 填空题

（1）錾子是錾削中的主要工具。錾子一般用碳素工具钢 T7、T8 锻制而成，并经淬硬热处理，热处理后硬度可达＿＿＿＿＿＿＿HRC。

（2）钳工常用的錾子有＿＿＿＿＿＿、＿＿＿＿＿＿和＿＿＿＿＿＿3 种类型。

（3）前角 γ_0：它是前刀面与＿＿＿＿＿＿间的夹角。

（4）后角 α_0：在錾削时是錾子后刀面与＿＿＿＿＿＿之间的夹角，它的大小取决于錾子被掌握的方向。

（5）手锤一般分为＿＿＿＿＿＿和＿＿＿＿＿＿两种。

2. 选择题

（1）錾削时一般取后角（　　），后角太大会使錾子切入材料太深，錾不动，甚至损坏錾子刃口。

A. 5°～8°　　　　B. 4°～8°　　　　C. 6°～8°　　　　D. 5°～9°

（2）一般碳素结构钢、合金结构钢等中等硬度材料，楔角范围（　　）。

A. 52°～60°　　　B. 50°～70°　　　C. 50°～60°　　　D. 55°～60°

（3）紧握法，用右手食指、中指、无名指和小指紧握锤柄，锤柄伸出（　　），大拇指压在食指上。

A. 13～30 mm　　B. 15～30 mm　　C. 15～33 mm　　D. 25～30 mm

（4）錾削时，两脚互成 45°角（左脚 30°，右脚 75°），左脚跨前半步（　　），右脚稍微朝后。

A. 250～320 mm　B. 200～300 mm　C. 250～310 mm　D. 250～300 mm

3. 简答题

（1）简述锉配的一般原则。

(2) 简述攻螺纹的注意事项。

❖ 任务拓展

阅读材料——职业素养提高企业 6S 管理

一、6S 内容

整理、整顿、清扫、清洁、素养、安全。

6S+节约为 7S，再+服务为 8S，再+满意为 9S。

二、6S 方针

以人为本，全员参与，自主管理，舒适温馨。

三、推进 6S 目标

改善和提高企业形象；促进效率的提高；改善零件在库周转率；减少甚至消除故障，保障品质；保障企业安全生产；降低生产成本；改善员工精神面貌，增加组织活力；缩短作业周期确保交货期。

四、6S 实施细则

(1) 教育培训，责任区域，责任部门，动员大会。

(2) 推行计划，制定基准，职能培训，建立看板。

(3) 工具器材，识别实施，建立责任，行动实事。

(4) 进行改善，定期检查，定期评比，结果公布。

五、执行 6S 的好处

学习 6S 精益管理在于学神，不在于形。6S 精益管理的精髓是：人的规范化及地、物的明朗化。通过改变人的思考方式和行动品质，强化规范和流程运作，进而提高公司的管理水准从而达到：

(1) 人——规范化、事——流程化、物——规格化

(2) 减少故障，促进品质；减少浪费，节约成本；建立安全，确保健康；提高士气，促进效率；树立形象，获取信赖，孕育文化。

任务四　制作六角螺母

📁 任务目标

1. 了解分度头结构和使用方法；

2. 掌握正多边形的划线与加工工艺；

3. 掌握万能角度尺的使用和识读；
4. 掌握内螺纹的加工方法。

 任务描述

本任务主要学习利用分度头划线、加工内螺纹（攻丝）和万能角度尺的使用与识读，掌握加工正六边形的工艺知识，巩固锯割、锉削等钳工基本操作技能，通过本项目的学习和训练，能够完成图3-4-1所示的零件。

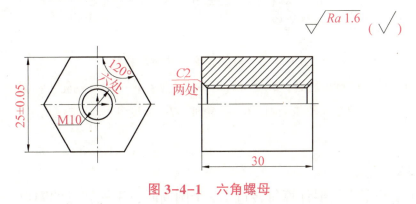

图3-4-1　六角螺母

 知识链接

一、万能分度头的工作原理

1. 万能分度头结构

结构如图3-4-2（a）所示。主轴上可安装卡盘，卡盘用来装夹圆柱形毛坯。

基座放置于平板上，分度盘上有若干圈数目不等的等分小孔，转动手柄，通过分度头内部的传动机构，带动主轴转动。

万能分度头的传动机构如图3-4-3所示。

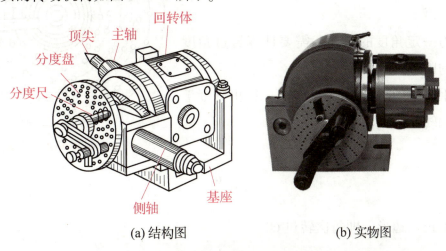

(a) 结构图　　　　　　　　(b) 实物图

图3-4-2　万能分度头

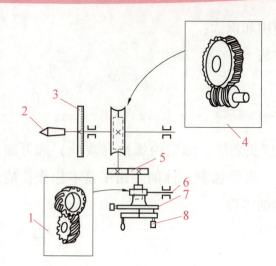

图 3-4-3　万能分度头的传动机构

1—1∶1 螺旋齿轮副；2—主轴；3—刻度盘；4—1∶40 蜗轮传动副；
5—1∶1 齿轮传动副；6—挂轮轴；7—分度盘；8—定位销

2. 分度原理

1）简单分度法

划线内容为正多边形，需要计算每转过 $1/z$ 个圆周时，手柄转过的圈数。

工件等分数与分度手柄转数之间关系为：

$$n = \frac{40}{z}$$

实际情况下，n 一般不会是整数，这时需用到分度盘。

分度盘上有数圈均匀分布的定位小孔，如图 3-4-4 所示。

分度头一般选配一至二块分度盘，其孔圈为：

第 1 块　正面　24、25、28、30、34、37

　　　　　反面　38、39、41、42、43

第 2 块　正面　46、47、49、51、53、54

　　　　　反面　57、58、59、62、66

2）角度分度法

划线内容为一定角度的分度，需要计算转过角度时和手柄转过的圈数。

根据分度手柄转 40 圈，主轴转 1 圈，得出分度手柄转 1 圈，主轴转 9°。

可得

$$n = \frac{\theta}{9°}$$

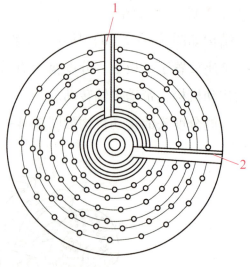

图 3-4-4　分度盘

本任务加工正六边形，即每次转过 60°。

二、万能角度尺的结构与读数

1. 结构与读数

万能角度尺又被称为角度规、游标角度尺和万能量角器，它是利用游标读数原理来直接测量工件角度或进行划线的一种角度量具，有Ⅰ型和Ⅱ型两种，如图3-4-5所示。

2. 万能角度尺的原理

万能角度尺的读数机构是根据游标原理制成的，如图3-4-6所示。

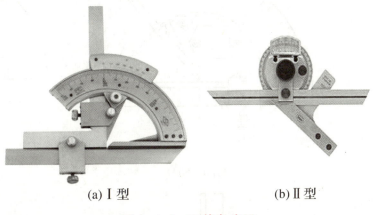

图3-4-5 万能角度尺

主尺刻线每格为1°，游标的刻线是取主尺的29°等分为30格，因此游标刻线每格为29°/30，即主尺与游标一格的差值为1°/30，也就是说万能角度尺读数精度为±2′。

3. 使用方法

测量时应先将基尺贴靠在工件测量基准面上，然后缓慢移动游标，使直尺紧靠在工件表面再读出读数。

4. 测量范围

万能角度尺是用来测量工件内外角度的量具，测量范围是0°~320°，各角度范围的测量方法如图3-4-7所示。

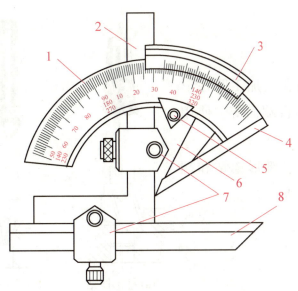

图3-4-6 Ⅰ型万能角度尺主要结构部件

1—主尺；2—直角尺；3—游标；4—基尺；5—制动器；6—扇形板；7—卡块；8—刀口尺

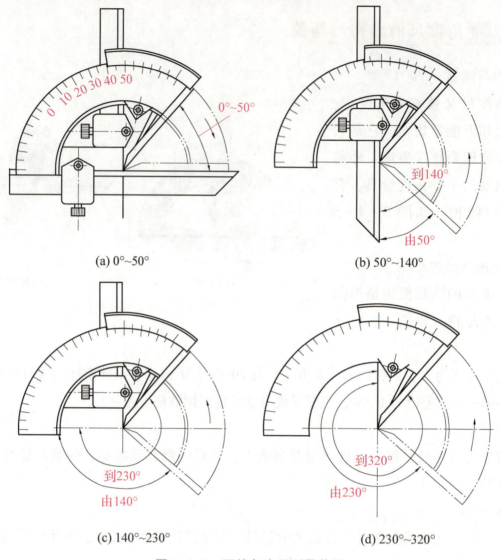

(a) 0°~50° (b) 50°~140° (c) 140°~230° (d) 230°~320°

图 3-4-7 万能角度尺测量范围

三、锪孔

锪孔是指在已加工的孔上加工圆柱形沉头孔、锥形沉头孔和凸台端面等,使用的工具是锪钻。

锪钻一般分柱形锪钻、锥形锪钻和端面锪钻3种,如图3-4-8所示。

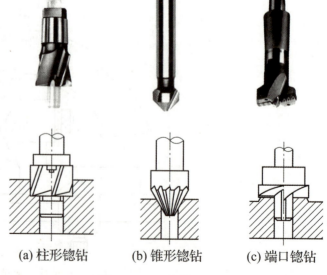

(a) 柱形锪钻 (b) 锥形锪钻 (c) 端口锪钻

图 3-4-8 锪钻与锪孔

项目三　用钳工基本技能制作工件

❖ 任务练习

1. 填空题

（1）万能角度尺又被称为_____、游标角度尺和_____，它是利用游标读数原理来直接测量工件角度或进行划线的一种角度量具。

（2）万能角度尺的读数机构是根据_____制成的。

（3）_____是指在已加工的孔上加工圆柱形沉头孔、锥形沉头孔和凸台端面等，使用的工具是锪钻。

（4）锪钻一般分柱形_____、_____和_____3种。

（5）万能分度头主轴上可安装_____，卡盘用来装夹圆柱形毛坯。

2. 选择题

（1）万能角度尺，主尺刻线每格为1°，游标的刻线是取主尺的29°等分为（　　）格。
A. 30　　　　　B. 32　　　　　C. 40　　　　　D. 26

（2）游标刻线每格为29°/30，即主尺与游标一格的差值为（　　）。
A. 1°/35　　　B. 1°/25　　　C. 1°/30　　　D. 1°/40

（3）万能角度尺是用来测量工件内外角度的量具，测量范围是（　　）。
A. 10°~320°　B. 0°~320°　　C. 10°~330°　D. 0°~330°

（4）万能角度尺读数精度为（　　）。
A. ±1′　　　B. ±2′　　　C. ±4′　　　D. ±2′

3. 简答题

（1）简述角度分度法原理。

（2）简述万能分度头的传动机构组成。

❖ 知识拓展

阅读材料——《大国工匠》：国产大飞机的首席钳工胡双钱

胡双钱是中国商飞大飞机制造首席钳工，上海飞机制造有限公司数控机加车间钳工组组长，人们都称赞他为航空"手艺人"。他加工过上数十万个飞机零件，令人称道的是，其中没有出现过一次质量差错。他说："每个零件都关系着乘客的生命安全。确保质量，是我最大的职责。"

胡双钱出生在上海一个工人家庭，从小就喜欢飞机。制造飞机在他心目中更是一件神圣的事，也是他从小藏在心底的梦想。

1980年，技校毕业的他成为上海飞机制造厂的一名钳工。从此，伴随着中国飞机制造业发展的坎坎坷坷，他始终坚守在这个岗位上。2002年、2021年我国ARJ21新支线飞机项目和大型客机项目先后立项研制，中国人的大飞机梦再次被点燃。有了几十年的积累和沉淀，胡双钱觉得实现心中梦想的机会来了。大飞机制造让胡双钱又忙了起来。他加工的零部件中，最大的将近 5 m，最小的比曲别针还小。胡双钱不仅要做形状各异的零部件，有时还要临时"救急"。一次，生产急需一个特殊零件，从原厂调配需要几天时间，为了不耽误工期，只能用钛合金毛坯来现场临时加工。这个任务交给了胡双钱。这个本来要靠细致编程的数控车床来完成的零部件，在当时却只能依靠胡双钱的一双手和一台传统的铣钻床，连图纸都没有。打完需要的 36 个孔，胡双钱用了 1 个多小时。当这个"金属雕花"作品完成之后，零件一次性通过检验，送去安装。胡双钱一周有 6 天要泡在车间里，但他却乐此不疲。他说："每天加工飞机零件，我的心里踏实，这种梦想成真的感觉是多少钱都买不来的。""飞机关系到生命，干活要凭良心。"

胡双钱的同事钳工曹俊杰说："有难件、特急件，总会想到老胡，半夜三更把他叫起来也是很正常的事情。但相反的话他就是家里面肯定照顾的少一点。"

一次，胡双钱按流程给一架在修理的大型飞机拧螺丝、上保险、安装外部零部件。"我每天睡前都喜欢'放电影'，想想今天做了什么，有没有做好。"那

天回想工作，胡双钱对"上保险"这一环节感到不踏实。保险对螺丝起固定作用，确保飞机在空中飞行时，不会因振动过大导致螺丝松动。思前想后，凌晨 3 点，他又骑着自行车赶到单位，拆去层层外部零部件，保险醒目出现，一颗悬着的心落了下来。

从此，每做完一步，他都会定睛看几秒再进入下道工序，"再忙也不缺这几秒，质量最重要！""一切为了让中国人自己的新支线飞机早日安全地飞行在蓝天。"

从 2021 年参与 ARJ21 新支线飞机项目后，胡双钱对质量有了更高的要求。他深知 ARJ21 承载着全国人民的期待和梦想，又是"首创"，风险和要求都高了很多。胡双钱让自己的"质量弦"绷得更紧了。不管是多么简单的加工，他都在干活前认真核校图纸，操作时小心谨慎，加工完多次检查，"慢一点、稳一点、精一点、准一点。"凭借多年积累的丰富经验和对质量的执着追求，胡双钱在 ARJ21 新支线飞机零件制造中大胆进行工艺技术攻关创新。

型号生产中的突发情况时有发生，加班加点对胡双钱来说是"家常便饭"。"哪行哪业不加班。"他总说，"为了让中国人自己的新支线飞机早日安全飞行在蓝天，我义不容辞。"

一次临近下班，车间接到生产调度的紧急任务，要求连夜完成两个 ARJ21 新支线飞机特制件任务，次日凌晨就要在装配车间现场使用。

他下班没有回家，也没有让大家失望，次日凌晨 3 点钟，这批急件任务终于完成，并一次提交合格。"如果可以，我真的好想再干三十年！"

现在他选择了一种特殊的方式延续再干 30 年的豪情——把技艺毫无保留地传授给更多胸怀大飞机梦的年轻人。在一届上飞公司技能大赛中，他带领的班组 3 位参赛选手，囊括了钳工技能比赛前三名。

胡双钱说："参与研制中国的大飞机，是我最大的荣耀。看到我们自己的飞机早日安全地翱翔在蓝天，是我最大的愿望。"

2021 年，承担大型客机研制任务的中国商飞公司成立。职工收入有了相应增加，还增加了补充公积金，胡双钱一家也开始盘算买房的事。终于贷款买了一套 70 m² 的二手房，搬离了

蜗居20多年的30m²老房。为此，全家人非常开心。胡双钱闲下来时，也会清理清理房间，把玻璃刷得干干净净，油烟机擦得清清爽爽。做家务也和工作时一样，一丝不苟，表里如一。

近年来，默默无闻的老胡获得了不少荣誉。2019年4月，中央宣传部、中央文明办、全国总工会在中国文明网向全社会公开发布胡双钱等10位"最美职工"的先进事迹。2021年，他荣获全国五一劳动奖章，2021年又被评为全国劳动模范，平生第一次走进庄严的北京人民大会堂接受表彰。胡双钱感慨："我们赶上了好时代。"他说，"我们的民机事业经历过坎坷与挫折，但终于熬过来了，迎来了春天。我们应该更加珍惜今天的事业，想要更好，也还要靠自己。"

当前，我国正从"生产大国"向"制造大国"转变。一个制造强国的诞生，必须出现千千万万个像老胡这样的"大国工匠"，只有这样，创新的中国梦才能实现。

在追求卓越品质的今天，我们希望各行各业涌现出更多的"大国工匠"，这些"大国工匠"不仅能干一行爱一行，而且干一行精一行。相信，在不久的将来，我国绝大多数劳动者，都能在"大国工匠"的引领下，共同实现伟大的中国梦。

任务五　认识三坐标测量仪

三坐标测量仪是能够表现几何形状、长度及圆周分度等测量能力的仪器，三坐标测量仪又可定义为"一种具有可作三个方向移动的探测器，可在三个相互垂直的导轨上移动，此探测器以接触或非接触等方式传递讯号，三个轴的位移测量系统（如光栅尺）经数据处理器或计算机等计算出工件的各点及各项功能测量的仪器"。三坐标测量仪的测量功能包括尺寸精度、定位精度、几何精度及轮廓精度等。

任务目标

1. 了解三坐标测量仪结构；
2. 了解三坐标测量仪原理；
3. 了解三坐标测量仪维护保养方法。

任务描述

图3-5-1所示为三坐标测量仪，由多种机械部件组成。平时在使用三坐标测量仪测量工件时，要注意机器的保养，以延长其使用寿命。通过学习本任务，使读者了解三坐标测量仪的机构、工作原理以及维护和保养的方法，能够对三坐标测量仪进行简单的维护和保养。

图3-5-1　三坐标测量仪

知识链接

一、三坐标测量仪结构

1. 按机械结构分

（1）龙门式——用于轿车车身等大型机械零部件或产品测量，如图 3-5-2 所示。

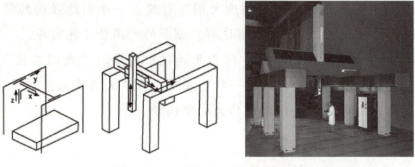

图 3-5-2　龙门式三坐标测量仪

（2）桥式——用于复杂零部件的质量检测、产品开发，精度高，如图 3-5-3 所示。

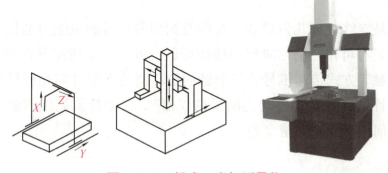

图 3-5-3　桥式三坐标测量仪

（3）悬臂式——主要用于车间划线、简单零件的测量，精度比较低，如图 3-5-4 所示。

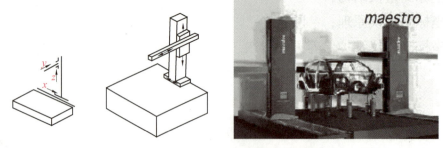

图 3-5-4　悬臂式三坐标测量仪

2. 按驱动方式分

（1）手动型——手工使其三轴运动来实现采点，价格低廉，但测量精度差；

（2）机动型——通过电动机驱动来实现采点，但不能实现编程自动测量；

（3）自动型——由计算机控制测量仪自动采点，通过编程实现零件自动测量，且精度高。

二、三坐标测量仪原理

将被测物体置于三坐标测量仪的测量空间，可获得被测物体上各测量点的坐标值，根据这些点的空间坐标值经过数学运算求出被测物体的几何尺寸，几何公差。如图 3-5-5 所示。

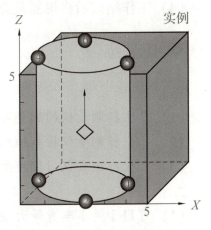

图 3-5-5　三坐标测量仪原理

三、三坐标测量仪维护保养方法

三坐标测量仪作为一种精密的测量仪器，如果维护及保养做得及时，就能延长机器的使用寿命，并使精度得到保障、故障率降低。为使客户更好地掌握和用好测量仪，测量仪维护及保养规程如下：

1. 开机前的准备

（1）三坐标测量仪对环境要求比较严格，应按要求严格控制温度及湿度。

（2）三坐标测量仪使用气浮轴承，理论上是永不磨损结构，但是如果气源不干净，有油、水或杂质，就会造成气浮轴承阻塞，严重时会造成气浮轴承和气浮导轨划伤，后果严重。所以每天要检查机床气源，放水放油。定期清洗过滤器及油水分离器。定期检查机床气源上一级空气来源（空气压缩机或集中供气的储气罐），花岗岩导轨更要定期检查导轨面状况，所以每次开机前应清洁机器的导轨，用航空汽油（120 或 180 号汽油）或无水乙醇擦拭。

（3）切记在保养过程中不能给任何导轨上任何性质的油脂。

（4）在长时间没有使用三坐标测量仪时，在开机前应做好准备工作：控制室内的温度和湿度（24 h 以上），然后检查气源、电源是否正常。

（5）开机前检查电源，如有条件应配置稳压电源，定期检查接地，接地电阻小于 4 Ω。

2. 工作过程中

（1）被测零件在放到工作台上检测之前，应先清洗去毛刺，防止在加工完成后零件表面残留的冷却液及加工残留物影响测量仪的测量精度及测针使用寿命。

被测零件在测量之前应在室内恒温，如果温度相差过大就会影响测量精度。

（2）大型及重型零件在放置到工作台上的过程中应轻放，以避免造成剧烈碰撞，致使工作台或零件损伤。必要时可以在工作台上放置一块厚橡胶以防止碰撞。

（3）小型及轻型零件放到工作台后，应紧固后再进行测量，否则会影响测量精度。

（4）在工作过程中，测座在转动时（特别是带有加长杆的情况下）一定要远离零件，以避免碰撞。

（5）在工作过程中如果发生异常响声，切勿自行拆卸及维修，请及时与厂家联系，厂家会安排经过严格培训的人员前往，并承诺以最快的速度帮助客户解决问题。

3. 操作结束后

（1）请将 Z 轴移动到上方，但应避免测针撞到工作台。

（2）工作完成后要清洁工作台面。

（3）检查导轨，如有水印请及时检查过滤器。如有划伤或碰伤也请及时与厂家联系，避免造成更大损失。

（4）工作结束后将机器及总气源关闭。

❖ 任务练习

1. 填空题

（1）三坐标测量仪的测量功能包括_____、_____、_____及_____等。

（2）三坐标测量仪按机械结构可分为_____、_____、_____。

（3）三坐标测量仪对环境要求比较严格，应按要求严格控制_____及_____。

2. 选择题

（1）可用于轿车车身等大型机械零部件或产品精密测量的三坐标测量仪是（   ）。

A. 龙门式　　　　　B. 桥式　　　　　C. 悬臂式　　　　　D. 以上都可以

（2）三坐标测量仪按驱动方式分，可实现零件自动测量的是（   ）。

A. 手动型　　　　　B. 机动型　　　　　C. 自动型　　　　　D. 以上都可以

3. 简答题

（1）三坐标测量仪按驱动方式可分为哪几种？有何优缺点？

（2）操作结束后的整理工作有哪些？

4. 通过网络了解有关 3D 打印技术方面的知识，并搜集相关有趣的视频等分享给大家。

❖ 任务拓展

阅读材料——三坐标夹具

三坐标夹具使用在三坐标测量仪上，利用其模块化的支持和参考装置，完成对所测工件的柔性固定。该装置，能够进行自动编程，实现对工件的支承，并可建立无限的工件配置参考点。先进的专用软件，能够直接通过工件的几何数据，在几秒钟之内产生工件的装夹程序。柔性模块快速而有效，可完成各种复杂型面工件的固定和夹紧，而不需要额外的成本。三坐标万能柔性夹具如图3-5-6所示。

万能柔性三坐标夹具主体部分——装夹平板，可以充分保护大理石平台精度，避免工件直接接触大理石工作台，延长其使用寿命；

万能柔性三坐标夹具只要通过一些简单的组合，可以实现多种产品和较复杂产品的装夹，可以为用户省去那些专用夹具设计制作资金，更好地节省生产成本，提升企业收益率与市场竞争力；

图3-5-6　三坐标万能柔性夹具

可实现精确的重复定位，主体安装板的每个孔及夹具组成部件都有代号，每种工件的装夹方式都可以用这些代号制作成记事本记录下来，方便以后测量使用，能够为用户最大限度减少装夹时间、提高工作效率，以及提供可靠的装夹方式，最大限度减少测量误差，为准确的测量数据奠定基础。

项目四

认识常用工程材料

知识树

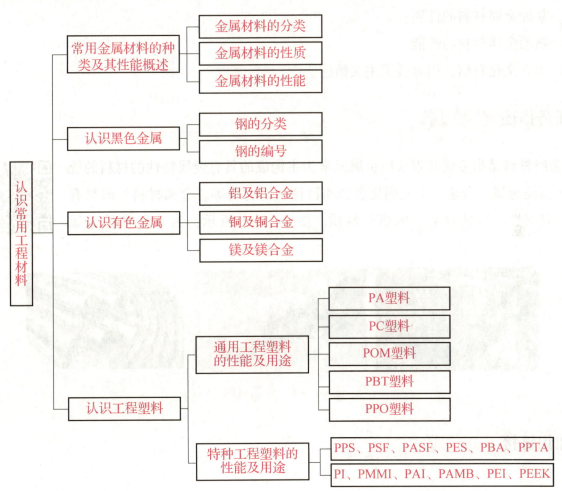

任务一　常用金属材料的种类及其性能概述

人类的历史也是一部材料不断进步发展的历史。我国是个文明古国，有着五千年的文明历史，同世界文明发展一样，其社会的进步同金属材料关系十分密切。继石器时代之后出现的铜器时代、铁器时代，均以金属材料的应用为其时代的显著标志。当代，种类繁多的金属材料已成为人类社会发展的重要物质基础。

任务目标

1. 了解金属材料的种类；
2. 掌握金属材料的性质；
3. 熟悉金属材料的性能；
4. 树立文化自信，培养爱国主义情感。

任务描述

金属材料是指金属元素或以金属元素为主构成的具有金属特性的材料的统称。包括纯金属、合金、金属间化合物和特种金属材料等。金属材料一般具有光泽、延展性、容易导电、传热等性质。图 4-1-1 所示，为几种常见金属材料。

金属材料种类

图 4-1-1　金属材料

知识链接

一、金属材料的分类及表示方法

1. 分类

金属材料的分类方法有多种。冶金工业上，通常是把金属材料分为黑色金属、有色金属和特种金属材料。特种金属材料（黑色金属与有色金属将在后面任务中介绍）包括不同用途的结构金属材料和功能金属材料。其中有通过快速冷凝工艺获得的非晶态金属材料，以及准晶、微晶、纳米晶金属材料等，还有隐身、抗氢、超导、形状记忆、耐磨、减振阻尼等特殊功能合金以及金属基复合材料等。

按材料密度大小，金属材料分为轻金属（密度小于 4.5 g/cm³），如：钠、钙、镁、铝等，和重金属（密度大于 4.5 g/cm³），如：汞、铜、镉、铅等；按材料是否稀有，分为常见金属（铁、铝等）、稀有金属（锆、铌、钼等）。

按化学成分，可分为碳素钢、低合金钢和合金钢。碳素钢，也称碳钢或普碳钢，是一种铁碳合金钢，按其碳含量高低可分为低碳钢、中碳钢、高碳钢。低合金钢，是指合金元素总量小于5%的合金钢。低合金钢是相对于碳钢而言的，是在碳钢的基础上，为了改善钢的性能，向钢中加入一种或几种合金元素。当合金总量低于5%时称为低合金钢，普通合金钢一般在3.5%以下，合金含量在5%~10%称为中合金钢，大于10%的称为高合金钢。合金钢是在普通碳素钢基础上添加适量的一种或多种合金元素而构成的铁碳合金。根据添加元素的不同，并采取适当的加工工艺，可获得高强度、高韧性、耐磨、耐腐蚀、耐低温、耐高温、无磁性等特殊性能。

按主要质量等级分类：

（1）普通碳素钢、优质碳素钢和特殊质量碳素钢；

（2）普通低合金钢、优质低合金钢和特殊质量低合金钢；

（3）普通合金钢、优质合金钢和特殊质量合金钢。

2. 表示方法

按照国家标准《钢铁产品牌号表示方法》规定，我国钢铁产品牌号采用汉语拼音字母、化学符号和阿拉伯数字相结合的表示方法，即：

（1）牌号中化学元素采用国际化学元素表示；

（2）产品名称、用途、特性和工艺方法等，通常采用代表该产品汉字的汉语拼音的缩写字母表示；

（3）钢铁产品中的主要化学元素含量（%）采用阿拉伯数字表示。

合金结构钢的牌号按下列规则编制。数字表示含碳量的平均值。合金结构钢和弹簧钢用两位数字表示平均含碳量的万分之几，不锈耐酸钢和耐热钢含碳量用千分数表示。高速工具钢和滚珠轴承钢不标含碳量。

二、金属材料的性质

1. 疲劳

许多机械零件和工程构件，是承受交变载荷工作的。在交变载荷的作用下，虽然应力水平低于材料的屈服极限，但经过长时间的应力反复循环作用以后，也会发生突然脆性断裂，这种现象叫做金属材料的疲劳。

金属材料疲劳断裂的特点是：

（1）载荷应力是交变的；

（2）载荷的作用时间较长；

（3）断裂是瞬时发生的；

（4）无论是塑性材料还是脆性材料，在疲劳断裂区都是脆性的。

所以，疲劳断裂是工程上最常见、最危险的断裂形式。

金属材料的疲劳现象，按条件不同可分为下列几种：

（1）高周疲劳：指在低应力（工作应力低于材料的屈服极限，甚至低于弹性极限）条件下，应力循环周数在100000以上的疲劳。它是最常见的一种疲劳破坏。高周疲劳一般简称为疲劳。

（2）低周疲劳：指在高应力（工作应力接近材料的屈服极限）或高应变条件下，应力循环周数在10000~100000以下的疲劳。由于交变的塑性应变在这种疲劳破坏中起主要作用，因而，也称为塑性疲劳或应变疲劳。

（3）热疲劳：指在无外加机械应力的条件下，由于外部温度变化使零件内部产生循环应变，由此导致的裂纹和断裂等疲劳破坏。

在热疲劳条件下，有两种方式可使零件产生循环应变：

①受热循环的零件因相邻零件的约束而不能自由的膨胀或收缩。

②零件在壁厚或长度方向因快速加热或冷却而产生温度差，高温区的膨胀受低温区的约束，反之亦然。

无论是哪种情况，热循环引起的循环应变均为非弹性应变。

（4）腐蚀疲劳：指机器部件在交变载荷和腐蚀介质（如酸、碱、海水、活性气体等）的共同作用下，所产生的疲劳破坏。

（5）接触疲劳：这是指机器零件的接触表面，在接触应力的反复作用下，出现麻点剥落或表面压碎剥落，从而造成机件失效破坏。

2. 塑性

塑性是指金属材料在载荷外力的作用下，产生永久变形（塑性变形）而不被破坏的能力。金属材料在受到拉伸时，长度和横截面积都要发生变化，因此，金属的塑性可以用长度的伸长（延伸率）和断面的收缩（断面收缩率）两个指标来衡量。

金属材料的延伸率和断面收缩率越大，表示该材料的塑性越好，即材料能承受较大的塑性变形而不破坏。一般把延伸率大于5%的金属材料称为塑性材料（如低碳钢等），而把延伸率小于5%的金属材料称为脆性材料（如灰口铸铁等）。塑性好的材料，它能在较大的宏观范围内产生塑性变形，并在塑性变形的同时使金属材料因塑性变形而强化，从而提高材料的强度，保证了零件的安全使用。此外，塑性好的材料可以顺利地进行某些成型工艺加工，如冲压、冷弯、冷拔、校直等。因此，选择金属材料作机械零件时，必须满足一定的塑性指标。

3. 耐久性

耐久性是材料抵抗自身和自然环境双重因素长期破坏作用的能力，是指产品能够无故障的使用较长时间或使用寿命长，即保证其经久耐用的能力。例如，当空间探测卫星发射后，人们希望它能无故障地长时间工作。耐久性越好，材料的使用寿命越长。

金属材料的耐久性是指金属材料在使用过程中经受环境的作用，而能保持其使用性能的能力。腐蚀是影响金属材料耐久性的重要因素，所以研究金属腐蚀及其防护方法是研究金属材料耐久性的重中之重。

金属的腐蚀使工程构筑物的使用期限缩短，并常导致其功能失效而引起事故和造成损害。金属的腐蚀主要是由于电化学作用的结果，在某些条件下，化学以及机械、微生物等因素也能促进腐蚀。

电化学腐蚀在电化学反应中，电介质液中的阳极处于较低电位，发生氧化反应，金属离子进入电介质液中，产生腐蚀；电子则由导线流向阴极。阴极处于较高电位，发生还原反应。

建筑金属腐蚀的主要形态有：

（1）均匀腐蚀。金属表面的腐蚀使断面均匀变薄。因此，常用年平均的厚度减损值作为腐蚀性能的指标（腐蚀率）。钢材在大气中一般呈均匀腐蚀。

（2）孔蚀。金属腐蚀呈点状并形成深坑。孔蚀的产生与金属的本性及其所处介质有关。在含有氯盐的介质中易发生孔蚀。孔蚀常用最大孔深作为评定指标。管道的腐蚀多考虑孔蚀问题。

（3）电偶腐蚀。不同金属的接触处，因所具不同电位而产生的腐蚀。

（4）缝隙腐蚀。金属表面在缝隙或其他隐蔽区域常发生由于不同部位间介质的组分和浓度的差异所引起的局部腐蚀。

（5）应力腐蚀。在腐蚀介质和较高拉应力共同作用下，金属表面产生腐蚀并向内扩展成微裂纹，常导致突然破断。混凝土中的高强度钢筋（钢丝）可能发生这种破坏。

4. 硬度

硬度表示材料抵抗硬物体压入其表面的能力。它是金属材料的重要性能指标之一。一般硬度越高，耐磨性越好。常用的硬度指标有布氏硬度、洛氏硬度和维氏硬度。

（1）布氏硬度（HB），以一定的载荷（一般3 000 kg）把一定大小（直径一般为10 mm）的淬硬钢球压入材料表面，保持一段时间，去载后，负荷与其压痕面积之比值，即为布氏硬度值（HB），单位为公斤力/mm^2（N/mm^2）。

（2）洛氏硬度（HR），当被测样品过小或者布氏硬度（HB）大于450时，不能采用布氏硬度试验而改用洛氏硬度计量。它是用一个顶角120°的金刚石圆锥体或直径为1.5875 mm/3.175 mm/ 6.35 mm/12.7 mm 的钢球，在一定载荷下压入被测材料表面，由压痕的深度求出材料的硬度。根据试验材料硬度的不同，可采用不同的压头和总试验压力组成几种不同的洛氏硬度标尺，每一种标尺用一个字母在洛氏硬度符号HR后面加以注明。常用的洛氏硬度标尺是A、B、C三种（HRA、HRB、HRC）。其中C标尺应用最为广泛。

HRA是采用60 kg载荷和钻石锥压入器求得的硬度，用于硬度较高的材料。例如：钢材薄板、硬质合金。

HRB 是采用 100 kg 载荷和直径 1.5875 mm 淬硬的钢球求得的硬度，用于硬度较低的材料。例如：软钢、有色金属、退火钢等。

HRC 是采用 150 kg 载荷和钻石锥压入器求得的硬度，用于硬度较高的材料。例如：淬火钢、铸铁等。

（3）维氏硬度（HV）。以 120 kg 以内的载荷和顶角为 136°的金刚石方形锥压入器压入材料表面，用材料压痕凹坑的表面积除以载荷值，即为维氏硬度值（HV）。

硬度试验是机械性能试验中最简单易行的一种试验方法。为了能用硬度试验代替某些机械性能试验，生产上需要一个比较准确的硬度和强度的换算关系。实践证明，金属材料的各种硬度值之间，硬度值与强度值之间具有近似的相应关系。因为硬度值是由起始塑性变形抗力和继续塑性变形抗力决定的，材料的强度越高，塑性变形抗力越高，硬度值也就越高。

三、金属材料的具体性能

金属材料的性能决定着材料的适用范围及应用的合理性。金属材料的性能主要分为四个方面，即：机械性能、化学性能、物理性能、工艺性能。

1. 机械性能

（1）应力。

物体内部单位截面积上承受的力称为应力。由外力作用引起的应力称为工作应力，在无外力作用条件下平衡于物体内部的应力称为内应力（例如组织应力、热应力、加工过程结束后留存下来的残余应力等）。

机械性能，金属在一定温度条件下承受外力（载荷）作用时，抵抗变形和断裂的能力称为金属材料的机械性能（也称为力学性能）。金属材料承受的载荷有多种形式，它可以是静态载荷，也可以是动态载荷，包括单独或同时承受的拉伸应力、压应力、弯曲应力、剪切应力、扭转应力，以及摩擦、振动、冲击等。

金属材料的机械性能是零件的设计和选材时的主要依据。外加载荷性质不同（例如拉伸、压缩、扭转、冲击、循环载荷等），对金属材料要求的机械性能也将不同。常用的机械性能包括：强度、塑性、硬度、冲击韧性、多次冲击抗力和疲劳极限等。

（2）强度。

强度是指金属材料在静荷作用下抵抗破坏（过量塑性变形或断裂）的性能。由于载荷的作用方式有拉伸、压缩、弯曲、剪切等形式，所以强度也分为抗拉强度、抗压强度、抗弯强度、抗剪强度等。各种强度间常有一定的联系，使用中一般较多以抗拉强度作为最基本的强度指针。

（3）塑性。

对物体施加外力，当外力较小时物体发生弹性形变，当外力超过某一数值，物体产生不可恢复的形变，这就叫塑性形变。塑性是指金属材料在载荷作用下，产生塑性变形（永久变形）而不破坏的能力。与之相对的，对一物体施加外力，物体产生形变，移除外力，发现形变消失，物体恢复原样，这就是弹性，弹性越大的物体，能够承受越大的外力而不发生永久形变。通常塑性越大的物体，能发生永久形变所需的最小力越小。

（4）硬度。

硬度是衡量金属材料软硬程度的指标。生产中测定硬度方法最常用的是压入硬度法，它是用一定几何形状的压头在一定载荷下压入被测试的金属材料表面，根据被压入程度来测定其硬度值。常用的硬度表示方法有布氏硬度（HB）、洛氏硬度（HRA、HRB、HRC）和维氏硬度（HV）等。

（5）疲劳。

疲劳指的是材料、零件和构件在循环加载下，在某点或某些点产生局部的永久性损伤，并在一定循环次数后形成裂纹，或使裂纹进一步扩展直到完全断裂的现象。前面所讨论的强度、塑性、硬度都是金属在静载荷作用下的机械性能指标。实际上，许多机器零件都是在循环载荷下工作的，在这种条件下零件易产生疲劳。

（6）冲击韧性。

在很短的时间内（作用时间小于受力机构的基波自由振动周期的一半），以很大速度作用于机件上的载荷称为冲击载荷，金属在冲击载荷作用下抵抗破坏的能力叫做冲击韧性，反映材料内部的细微缺陷和抗冲击性能。冲击韧度指标的实际意义在于揭示材料的变脆倾向，是反映金属材料对外来冲击负荷的抵抗能力，一般由冲击韧性值（ak）和冲击功（Ak）表示，其单位分别为 J/cm^2 和 J（焦耳）。影响钢材冲击韧性的因素有材料的化学成分、热处理状态、冶炼方法、内在缺陷、加工工艺及环境温度。

2. 化学性能

金属与其他物质引起化学反应的特性称为金属的化学性能。在实际应用中主要考虑金属的抗蚀性、抗氧化性（又称作氧化抗力，指金属在高温时对氧化作用的抵抗能力或稳定性），以及不同金属之间、金属与非金属之间形成的化合物对机械性能的影响等。在金属的化学性能中，特别是抗蚀性对金属的腐蚀疲劳损伤有着重大的意义。

3. 物理性能

金属的物理性能主要考虑：

（1）密度（比重）。密度 $\rho = P/V$，单位为克/立方厘米（g/cm^3）或吨/立方米（t/m^3），式中 P 为质量，V 为体积。在实际应用中，除了根据密度计算金属零件的质量外，很重要的一点是考虑金属的比强度（强度 σ_b 与密度 ρ 之比）来帮助选材，以及与无损检测相关的声学检测中的声阻抗（密度 ρ 与声速 C 的乘积）和射线检测中密度不同的物质对射线能量有不同的吸收能力等。

（2）熔点。金属由固态转变成液态时的温度，对金属材料的熔炼、热加工有直接影响，并与材料的高温性能有很大关系。

（3）热膨胀性。随着温度变化，材料的体积也发生变化（膨胀或收缩）的现象称为热膨胀，多用线膨胀系数衡量，即温度变化1℃时，材料长度的增减量与其0℃时的长度之比。热膨胀性与材料的比热有关。在实际应用中还要考虑比容（材料受温度等外界影响时，单位质量的材料其容积的增减，即容积与质量之比），特别是对于在高温环境下工作，或者在冷、热交替环境中工作的金属零件，必须考虑其膨胀性能的影响。

（4）磁性。能吸引铁磁性物体的性质即为磁性，它反映在磁导率、磁滞损耗、剩余磁感应强度、矫顽磁力等参数上，从而可以把金属材料分成顺磁与逆磁、软磁与硬磁材料。

（5）电学性能。主要考虑其电导率，在电磁无损检测中对其电阻率和涡流损耗等都有影响。

4. 工艺性能

金属对各种加工工艺方法所表现出来的适应性称为工艺性能，主要包括以下四个方面：

（1）切削加工性能。切削加工金属材料的难易程度称为切削加工性能。一般由工件切削后的表面粗糙度及刀具寿命等方面来衡量。影响切削加工性能的因素主要有工件的化学成分、金相组织、物理性能、力学性能等。铸铁比钢切削加工性能好，一般碳钢比高合金钢切削加工性能好。金属材料的切削加工性能比较复杂，很难用一个指标来评定，通常用以下四个指标来综合评定：切削时的切削抗力、刀具的使用寿命、切削后的表面粗糙度及断屑情况。如果一种材料在切削时的切削抗力小，刀具寿命长，表面粗糙度值低，断屑性好，则表明该材料的切削加工性能好。另外，也可以根据材料的硬度和韧性做大致的判断。硬度在170～230 HBW，并有足够脆性的金属材料，其切削加工性能良好；硬度和韧性过低或过高，切削加工性能均不理想。

（2）可锻性。反映金属材料在压力加工过程中成型的难易程度，例如将材料加热到一定温度时其塑性的高低（表现为塑性变形抗力的大小），允许热压力加工的温度范围大小，热胀冷缩特性以及与显微组织、机械性能有关的临界变形的界限、热变形时金属的流动性、导热性能等。

（3）可铸性。反映金属材料熔化浇铸成为铸件的难易程度，表现为熔化状态时的流动性、吸气性、氧化性、熔点，铸件显微组织的均匀性、致密性，以及冷缩率等。

（4）可焊性。反映金属材料在局部快速加热，使结合部位迅速熔化或半熔化，从而使结合部位牢固地结合在一起而成为整体的难易程度，表现为熔点、熔化时的吸气性、氧化性、导热性、热胀冷缩特性、塑性以及与接缝部位和附近用材显微组织的相关性、对机械性能的影响等。

❖ 任务练习

1. 填空题

（1）冶金工业上，通常把金属材料分为_____、_____和_____。按化学成分，可分为_____、_____和_____。

（2）_____是指机器零件的接触表面在接触应力的反复作用下，出现麻点剥落或表面压碎剥落，从而造成机件失效破坏。

（3）塑性是指金属材料在载荷外力的作用下，产生_____而不被破坏的能力。

（4）_____是材料抵抗自身和自然环境双重因素长期破坏作用的能力，是指产品能够无故障的使用较长时间或使用寿命长，即保证其经久耐用的能力。

（5）硬度表示材料抵抗硬物体压入其表面的能力。它是金属材料的重要性能指标之一。一般硬度越高，_____越好。常用的硬度指标有_____、_____和_____。

（6）_____反映金属材料在压力加工过程中成型的难易程度。

2. 名词解释

疲劳

冲击韧性

切削加工性能

热疲劳

3. 简答题

（1）金属材料疲劳断裂的特点是什么？

（2）什么是工艺性能？主要包括哪几个方面？

❖ 任务拓展

阅读材料——金属材料力学性能代号及含义（表4-1-1）

表4-1-1　金属材料力学性能代号及含义

代号	名称	单位	含义
σ_b	抗拉强度	MPa 或 N/mm²	材料试样受拉力时，在拉断前所承受的最大拉力
σ_{bc}	抗压强度		材料试样受压力时，在压坏前所承受的最大拉力
σ_{bb}	抗弯强度		材料试样受弯曲力时，在破坏前所承受的最大拉力
τ	抗剪强度		材料试样受剪力时，在剪断前所承受的最大拉力
σ_s	屈服点		材料试样在拉伸过程中，负荷不再增加而变形继续发生的现象称为屈服，屈服时的最小应力称为屈服点或屈服强度
σ	屈服强度		对某些屈服现象不明显的金属材料，测定屈服点比较困难，为了便于测量，通常按其产生永久变形量等于试样原长0.2%时的应力称为屈服强度

续表

代号	名称	单位	含义
δ	伸长率	%	材料试样被拉断后，标距长度的增加量与原标距长度之百分比
δ_5	伸长率		试样的标距等于5倍直径时的伸长率
ψ	断面收缩率		材料试样在拉断后，其断裂处横截面积的缩减量与原横截面积的百分比
α_K	冲击韧性值	J/cm^2	金属材料对冲击负荷的抵抗能力，以冲击试样上所消耗的功与断口处横截面积之比
HB	布氏硬度	kgf/mm^2（一般不标注）	用淬硬小钢球压入金属表面，保持一定时间待变形稳定后卸载，以其压痕面积除以加在钢球上的载荷
HRC	洛氏硬度C级	—	用1471N载荷，将顶角为120°的圆锥形金刚石的压头压入金属表面，取其压痕的深度来计算。用来测量HB为230~700的金属材料
HRA	洛氏硬度A级	—	用载荷，将顶角为120°的圆锥形金刚石的压头压入金属表面，取其压痕的深度来计算，用来测量HB>700的金属材料
HRB	洛氏硬度B级	—	用载荷，直径1.59 mm淬硬小钢球压入金属表面，取其压痕的深度来计算，用来测量HB为60~230的金属材料
HV	维氏硬度	kgf/mm^2	用分为6级的载荷，将顶角为136°的金刚石四方锥体压入金属的表面，经一定时间后卸载，以其压痕表面积除载荷所得之商
HS	肖氏硬度	—	以一定质量的冲头，从一定的高度落于被测试样的表面，以冲头回跳的高度表示硬度

任务二　认识黑色金属

通常人们根据金属的颜色和性质等特征，将金属分为黑色金属和有色金属。黑色金属又称钢铁材料，是工业上对铁、铬和锰的统称，包括杂质总含量<0.2%及含碳量不超过0.0218%的工业纯铁，含碳量0.0218%~2.11%的钢，含碳量大于2.11%的铸铁。多数化工机械设备是用铸铁和碳钢制成的。

我国是世界最大的钢铁生产国，钢铁企业众多。近年来，钢铁出口量增长较快，所需铁矿石经常需从国外进口。如何提高材料的性能及利用率是摆在每位学习者面前的一个课题，国家的富强是我们每位学习者义不容辞的责任。

任务目标

1. 了解黑色金属的概念；
2. 了解钢的分类；
3. 掌握钢的编号方法；
4. 培养对钢铁知识的兴趣，培养专业素质和爱国情怀。

任务描述

钢铁在国民经济中占有极其重要的地位，亦是衡量一个国家国力的重要标志。钢材品种繁多（图4-2-1为常见的几种钢材），不同种类的钢材编号方法也不一样。为了便于生产、保管、选用和研究，必须对钢材加以分类。本任务主要学习钢的分类方法及编号方法。

图4-2-1 常见钢材

知识链接

黑色金属主要指铁及其合金，如钢、生铁、铁合金、铸铁等。黑色金属材料是工业上对铁、铬和锰的统称，也包括这三种金属的合金，尤其是合金黑色金属钢及钢铁。纯净的铁及铬是银白色的，锰是银灰色的。由于钢铁表面通常覆盖一层黑色的四氧化三铁，而锰及铬主要应用于冶炼黑色的合金钢。所以被分类为"黑色金属"，黑色金属的产量约占世界金属总产量的95%。

一、钢的分类

1. 按化学成分分

钢按化学成分分为碳素钢和合金钢。

碳素钢，是一种铁碳合金钢，其含碳量小于2.11%，除铁、碳和限量以内的硅、锰、磷、硫等杂质外，不含其他合金元素。其性能主要取决于含碳量，其力学性能取决于钢中的碳含量；按用途可以把碳钢分为碳素结构钢、碳素工具钢和易切削结构钢三类。碳素结构钢又分为建筑结构钢和机器制造结构钢两种；工业用碳钢的含碳量一般为0.05%~1.35%。

碳素钢按其碳含量高低可分为低碳钢、中碳钢、高碳钢；低碳钢又称软钢，含碳量为 0.10%~0.25%，低碳钢易于接受各种加工如锻造、焊接和切削，常用于制造链条，铆钉，螺栓，轴等。

中碳钢碳含量一般在 0.25%~0.60%，有镇静钢、半镇静钢、沸腾钢等多种产品。除碳外还可含有少量锰（0.70%~1.20%）；其热加工及切削性能良好，焊接性能较差，强度、硬度比低碳钢高，而塑性和韧性低于低碳钢，可不经热处理，直接使用热轧材、冷拉材，亦可经热处理后使用。淬火、回火后的中碳钢具有良好的综合力学性能。所以在中等强度水平的各种用途中，中碳钢得到最广泛的应用，除作为建筑材料外，还大量用于制造各种机械零件。

高碳钢常称工具钢，含碳量在 0.60%~1.70%，可以淬硬和回火。锤、撬棍等由含碳量 0.75%的钢制造；切削工具如钻头，丝攻，铰刀等由含碳量 0.90%~1.00%的钢制造。

合金钢，根据合金元素的含量分为：低合金钢、中合金钢、高合金钢。

低合金钢是相对于碳钢而言的，是在碳钢的基础上，为了改善钢的性能，而有意向钢中加入一种或几种合金元素。加入的合金量超过碳钢正常生产方法所具有的一般含量时，称这种钢为合金钢。当合金总量低于 5%时称为低合金钢，普通合金钢一般在 3.5%以下，合金含量在 5%~10%称为中合金钢，大于 10%的称为高合金钢。

合金钢里除铁、碳外，加入其他的合金元素，就叫合金钢。在普通碳素钢基础上添加适量的一种或多种合金元素而构成的铁碳合金。根据添加元素的不同，并采取适当的加工工艺，可获得高强度、高韧性、耐磨、耐腐蚀、耐低温、耐高温、无磁性等特殊性能。

2. 按品质分

钢的质量是以磷、硫的含量来划分的，分为普通钢、优质钢、高级优质钢和特级优质钢。根据现行标准，各质量等级钢的磷、硫含量如表 4-2-1 所示。

表 4-2-1　各质量等级钢的磷、硫含量表

钢类	碳素钢		合金钢	
	P	S	P	S
普通质量钢	≤0.045	≤0.05	≤0.045	≤0.045
优 质 钢	≤0.035	≤0.035	≤0.035	≤0.035
高级优质钢	≤0.030	≤0.030	≤0.025	≤0.025
特级优质钢	≤0.025	≤0.020	≤0.025	≤0.015

普通钢材是一种硫、磷含量分别在 0.035%~0.05%、碳含量在 0.06%~0.38%范围内的碳素结构钢经塑性加工生产的合格产品。这类钢材塑性好，金属的变形抗力低，生产中能量消耗少，质量易于控制，工艺简单（基本工序只有加热、轧制和冷却三个阶段），一般不经热处理直接使用，最早实现了生产的大型化、连续化、自动化、高速化，生产成本低廉。

优质钢的硫、磷含量均≤0.04%。高级优质钢分为 A、B、C、D 四个质量等级。在我国的现行执行标准中，高级优质钢硫含量≤0.03%，磷含量≤0.035%。E 表示特级优质钢。等级

间的区别表现在以下四个方面：①含碳量范围；②硫、磷及残余元素的含量；③钢的纯净度；④钢的机械性能及工艺性能的保证程度。

3. 按冶炼方法分

按冶炼设备将钢分为：平炉钢、转炉钢、电炉钢。

平炉钢是指用平炉冶炼而成的钢，主要是碳素钢和普通低合金钢，按炉衬材料性质又分为酸性平炉钢和碱性平炉钢。如图 4-2-2 所示为平炉炼钢。

转炉钢是指在转炉内以液态生铁为原料，将高压空气或氧气从转炉的顶部、底部、侧面吹入炉内熔化的生铁液中，使生铁中的杂质被氧化去除而炼成的钢。图 4-2-3 为转炉炼钢。

图 4-2-2　平炉炼钢

图 4-2-3　转炉炼钢

电炉钢是以电为能源的炼钢炉生产的钢。通常所说的电炉钢是用碱性电弧炉生产的钢。电炉钢多为优质碳素结构钢、工具钢及合金钢。电炉钢的质量优良、性能均匀。在含碳量相同时，强度和塑性均优于平炉钢。图 4-2-4 所示为电炉钢。

按冶炼时脱氧程度的不同，钢可分为：沸腾钢、镇静钢和半镇静钢。

沸腾钢是指炼钢时未能很好脱氧的钢。炼钢时要依靠氧气去除多余的碳，而过量的氧将生成多种

图 4-2-4　电炉炼钢

氧化物成为夹杂物，为此必须脱氧。沸腾钢的脱氧是仅加弱脱氧剂，如加锰铁可生成氧化锰，同时生成氧化铁。但氧化铁在浇注钢锭时还会与钢中的碳生成一氧化碳和铁，此时一氧化碳气体逸出钢锭使之成沸腾状，故称沸腾钢。沸腾钢中的孔多，使结构疏松，偏析也多，质量较差，可用于不十分重要的钢结构中。图 4-2-5 为浇筑沸腾钢情景。

镇静钢为完全脱氧的钢。通常注成上大下小带保温帽的锭型，浇注时钢液镇静不沸腾。由于锭模上部有保温帽（在钢液凝固时作补充钢液用），这节帽头在轧制开坯后需切除，故钢的收缩率低，但组织致密，偏析小，质量均匀。优质钢和合金一般都是镇静钢。镇静钢如图 4-2-6 所示。

半镇静钢脱氧程度介于沸腾钢和镇静钢之间，为脱氧较完全的钢。浇注时有沸腾现象，但较沸腾钢弱。这类钢具有沸腾钢和镇静钢的某些优点，在冶炼操作上较难掌握，但是碳素

钢中此类钢是值得提倡和发展的。图4-2-7为半镇静钢。

图 4-2-5　浇筑沸腾钢情景　　　　图 4-2-6　镇静钢　　　　图 4-2-7　半镇静钢

4. 按金相组织分

按退火组织分：亚共析钢、共析钢、过共析钢。

亚共析钢，是钢材按金相组织的分类之一。含碳量在 0.0218%~0.77% 的结构钢称为亚共析钢。共析钢是指具有共析成分含 0.77% 碳的碳素钢。钢由高温奥氏体区缓冷至 727 ℃，生成多边形珠光体组织，其中铁素体和渗碳体呈片状平行排列。优质碳素结构钢和碳素工具钢都包含有这种组织。一般冷却速度大，珠光体片层间距减小，有利于强度和硬度提高。当工具用钢的含碳量超过 0.77%，这种钢组织中渗碳体的比例超过 12%，所以除与铁素体形成珠光体外，还有多余的渗碳体，于是这类钢的组织是珠光体+渗碳体。这类钢统称为过共析钢。

按正火组织分：珠光体钢、贝氏体钢、马氏体钢、铁素体钢、奥氏体钢、莱氏体钢。

珠光体钢又称珠光体热强钢或珠光体耐热钢。这类钢在正火状态下，具有珠光体和铁素体显微组织的钢。该钢种合金元素含量少，工艺性能好，工作温度最高可达 600 ℃，按用途这类钢又可分为锅炉管用钢、紧固件用钢和转子用钢。

贝氏体钢是使用状态下基体的金相组织为贝氏体的一类钢。这是按照正火状态的显微组织进行分类，加热至 900 ℃ 后在空气中冷却，在其显微组织中存在着较多的贝氏体。

马氏体是黑色金属材料的一种组织名称，是碳在 α-Fe 中的过饱和固溶体。马氏体的三维组织形态通常有片状或者板条状，但是在金相观察中（二维）通常表现为针状，这也是有些地方通常描述为针状的原因。马氏体的晶体结构为体心四方结构。在中、高碳钢中加速冷却通常能够获得这种组织。高的强度和硬度是钢中马氏体的主要特征之一。

铁素体钢是指含铬大于 14% 的低碳铬不锈钢，含铬大于 27% 的任何含碳量的铬不锈钢。属于这一类的有 Cr17、Cr17Mo2Ti、Cr25、Cr25Mo3Ti、Cr28 等。铁素体不锈钢因为含铬量高，耐腐蚀性能与抗氧化性能均比较好，但机械性能与工艺性能较差，多用于受力不大的耐酸结构及作抗氧化钢使用。

奥氏体钢是正火后具有奥氏体组织的钢。钢中加入的合金元素（Ni、Mn、N、Cr 等）能使正火后的金属具有稳定的奥氏体组织。火电厂化水设备、蒸汽取样管常用的 1Cr18Ni9、1Cr18Ni9Ti 等钢均属此类。这类钢有较好的抗氧化和耐酸性能，能长期在 540 ℃~875 ℃ 下工作，但容易产生晶界腐蚀的脆性破坏。

莱氏体是钢铁材料基本组织结构中的一种，常温下为珠光体、渗碳体和共晶渗碳体的混合物。由液态铁碳合金发生共晶转变形成的奥氏体和渗碳体所组成，其含碳量为 4.3%。

5. 按用途分

结构钢：碳素结构钢、调质钢、表面硬化钢、易切削结构钢、弹簧钢、轴承钢。

工具钢：刃具钢、量具钢、模具钢。

特殊性能钢：不锈耐酸钢、耐热钢、耐磨钢、低温钢、电工用钢。

专用钢：造船、桥梁、锅炉、压力容器、建筑。

二、钢的编号

我国钢材的编号是采用汉语拼音字母、化学元素符号和阿拉伯数字相结合的方法。

采用汉语拼音字母表示钢产品的名称、用途、特性和工艺方法时，一般从代表钢产品名称的汉字的汉语拼音中选取第一个字母。

1. 碳素结构钢

碳素结构钢牌号由 Q+数字+质量等级符号+脱氧方法符号组成。它的钢号冠以"Q"，代表钢材的屈服点，后面的数字表示屈服点数值，单位是 MPa。例如 Q235 表示屈服点（δ_s）为 235 MPa 的碳素结构钢。

必要时钢号后面可标出表示质量等级和脱氧方法的符号。质量等级符号分别为 A、B、C、D。脱氧方法符号：F 表示沸腾钢，b 表示半镇静钢，Z 表示镇静钢，TZ 表示特殊镇静钢。镇静钢可不标符号，即 Z 和 TZ 都可不标。例如 Q235-AF 表示 A 级沸腾钢。

专门用途的碳素钢，例如桥梁钢、船用钢等，基本上采用碳素结构钢的表示方法，但在钢号最后附加表示用途的字母。

2. 优质碳素结构钢

优质碳素结构钢的牌号用两位数字表示，即钢中平均含碳量的万分之几。例如平均碳含量为 0.45% 的钢，钢号为"45"，它不是顺序号，所以不能读成 45 号钢。

锰含量较高的优质碳素结构钢，应将锰元素标出，例如 50Mn，表示锰含量较高（Mn：0.70%~1.00%）、含碳量为千分之五十的优质碳素结构钢。

沸腾钢、半镇静钢及专门用途的优质碳素结构钢应在钢号最后特别标出，例如平均碳含量为 0.1% 的半镇静钢，其钢号为 10b。

3. 碳素工具钢

为避免与其他钢类混淆，碳素工具钢牌号前冠以字母"T"。钢号中的数字表示碳含量，以平均碳含量的千分之几表示。例如"T8"表示平均碳含量为 0.8%。锰含量较高者，在钢号最后标出"Mn"，例如"T8Mn"。高级优质碳素工具钢的磷、硫含量，比一般优质碳素工具钢低，在钢号最后加注字母"A"，以示区别，例如"T8MnA"。

4. 易切削钢

易切削钢牌号前冠以"Y"，以区别于优质碳素结构钢。字母"Y"后的数字表示碳含量，以平均碳含量的万分之几表示，例如平均碳含量为 0.3% 的易切削钢，其钢号为"Y30"。锰含量较高者，在钢号后标出"Mn"，例如"Y40Mn"。

5. 合金结构钢

合金结构钢牌号开头的两位数字表示钢的碳含量，以平均碳含量的万分之几表示，如 40Cr。

钢中主要合金元素，除个别微合金元素外，一般以百分之几表示。

钢中的钒 V、钛 Ti、铝 Al、硼 B、稀土 RE 等合金元素，均属微合金元素，虽然含量很低，仍应在钢号中标出。例如 20MnVB 钢中。钒为 0.07%~0.12%，硼为 0.001%~0.005%。

高级优质钢应在钢号最后加"A"，以区别于一般优质钢。

专门用途的合金结构钢，钢号冠以（或后缀）代表该钢种用途的符号。例如，铆螺专用的 30CrMnSi 钢，钢号表示为 ML30CrMnSi。

6. 低合金高强度钢

低合金高强度钢牌号的表示方法，基本上和合金结构钢相同。

对专业用低合金高强度钢，应在钢号最后标明。例如 16Mn 钢，用于桥梁的专用钢种为"16Mnq"，汽车大梁的专用钢种为"16MnL"，压力容器的专用钢种为"16MnR"。

7. 弹簧钢

弹簧钢按化学成分可分成碳素弹簧钢和合金弹簧钢两类，其钢号表示方法，前者基本上与优质碳素结构钢相同，后者基本上与合金结构钢相同。

8. 滚动轴承钢

钢号冠以字母"G"，表示滚动轴承钢类。

高碳铬轴承钢钢号的碳含量不标出，铬含量以千分之几表示。例如 GCr15。渗碳轴承钢的钢号表示方法，基本上和合金结构钢相同。

9. 合金工具钢和高速工具钢

合金工具钢钢号的平均碳含量≥1.0%时，不标出碳含量；当平均碳含量<1.0 时，以千分之几表示。例如 9SiCr 平均含碳量 0.9%；3Cr2W8V，平均含碳量 0.3%。

合金工具钢中合金元素含量的表示方法，基本上与合金结构钢相同。但对铬含量较低的合金工具钢钢号，其铬含量以千分之几表示，并在表示含量的数字前加"0"，以便把它和一般元素含量按百分之几表示的方法区别开来，例如 Cr06。

高速工具钢的钢号一般不标出碳含量，只标出各种合金元素平均含量的百分之几。例如钨系高速钢的钢号表示为"W18Cr4V"。钢号冠以字母"C"者，表示其碳含量高于未冠"C"的通用钢号。

10. 不锈钢和耐热钢

不锈钢和耐热钢在使用范围上互有交叉，一些不锈钢兼具耐热钢特性。二者牌号表示方法上相同，牌号中碳含量以千分之几表示。例如"2Cr13"钢的平均碳含量为 0.2%；若钢中含碳量≤0.03%或≤0.08%者，钢号前分别冠以"00"及"0"表示之，例如 00Cr17Ni14Mo2、0Cr18Ni9 等。

对钢中主要合金元素以百分之几表示，而钛、铌、锆、氮等则按上述合金结构钢对微合金元素的表示方法标出。

11. 焊条钢

它的钢号前冠以字母"H"，以区别于其他钢类。例如不锈钢焊丝为"H2Cr13"，可用于区别不锈钢"2Cr13"。

12. 电工用硅钢

电工用硅钢钢号由字母和数字组成。钢号头部字母 DR 表示电工用热轧硅钢，DW 表示电工用冷轧无取向硅钢，DQ 表示电工用冷轧取向硅钢。

字母之后的数字表示铁损值（W/kg）的 100 倍。

钢号尾部加字母"G"者，表示在高频率下检验的；未加"G"者，表示在频率为 50 周波下检验的。例如钢号 DW470 表示电工用冷轧无取向硅钢产品在 50 赫频率时的最大单位质量铁损值为 4.7W/kg。

13. 电工用纯铁

它的牌号由字母"DT"和数字组成，"DT"表示电工用纯铁，数字表示不同牌号的顺序号，例如 DT3。在数字后面所加的字母表示电磁性能：A——高级、E——特级、C——超级，例如 DT8A。

常用钢产品的名称、用途、特性和工艺方法表示符号，见表 4-2-2。

表 4-2-2 常用钢产品的名称、用途、特性和工艺方法表示符号

名称	符号	位置	名称	符号	位置
碳素结构钢	Q	头	桥梁用钢	q	尾
低合金高强度钢	Q	头	锅炉用钢	g	尾
易切削钢	Y	头	焊接气瓶用钢	HP	尾
碳素工具钢	T	头	车辆车轴用钢	LZ	头
（滚珠）轴承钢	G	头	机车车轴用钢	JZ	头
焊接用钢	H	头	沸腾钢	F	尾
铆螺钢	ML	头	半镇静钢	b	尾
船用钢	国际符号		镇静钢	Z	尾
汽车大梁用钢	L	尾	特殊镇静钢	TZ	尾
压力容器用钢	R	尾	质量等级	A、B、C、D、E	尾

❖ 任务练习

1. 填空题

（1）碳素钢按其碳含量高低可分为_____、_____、_____；_____又称软钢。

(2) 按冶炼设备将钢分为：_____、_____、_____。

(3) 钢按退火组织分：_____、_____、_____。

(4) 按化学成分为_____和_____。

(5) 高级优质钢分为_____、_____、_____、_____四个质量等级。

2. 选择题

(1) (　　) 中的孔多，使结构疏松，偏析也多，质量较差，可用于不十分重要的钢结构中。

　A. 沸腾钢　　　B. 镇静钢　　　C. 半镇静钢　　　D. 耐热钢

(2) Q235-AF 表示 (　　) 钢。

　A. A级镇静钢　　B. A级沸腾钢　　C. A级半镇静钢　　D. 经过改进的耐热钢

(3) 优质钢和合金一般都是 (　　)。

　A. 沸腾钢　　　B. 镇静钢　　　C. 半镇静钢　　　D. 沸腾钢或半沸腾钢

3. 写出下列钢件编号的名称

40Cr——

T8——

Q235——

45钢——

4. 简答题

(1) 高级优质钢分为A、B、C、D四个质量等级。等级间的区别表现在哪几个方面？

(2) 什么是沸腾钢？其缺点是什么？

❖ 任务拓展

阅读材料——合金钢合金元素的作用

(1) 碳（C）。钢中含碳量增加，屈服点和抗拉强度升高，但塑性和冲击性降低，当碳量超过0.23%时，钢的焊接性能变坏，因此用于焊接的低合金结构钢，含碳量一般不超过0.20%。碳量高还会降低钢的耐大气腐蚀能力，在露天料场的高碳钢就易锈蚀。此外，碳能增加钢的冷脆性和时效敏感性。

(2) 硅（Si）。在炼钢过程中加硅作为还原剂和脱氧剂，所以镇静钢含有0.15%～0.30%的硅。如果钢中含硅量超过0.50%～0.60%，硅就算合金元素。硅能显著提高钢的弹性极限，屈服点和抗拉强度，故广泛用于弹簧钢。在调质结构钢中加入1.0%～1.2%的硅，强度可提高15%～20%。硅和钼、钨、铬等结合，有提高抗腐蚀性和抗氧化的作用，可制造耐热钢。含硅1%～4%的低碳钢，具有极高的磁导率，用于电器工业做矽钢片（硅钢片）。硅量增加，会降低钢的焊接性能。

(3) 锰（Mn）。在炼钢过程中，锰是良好的脱氧剂和脱硫剂，一般钢中含锰0.30%～0.50%。在碳素钢中加入0.70%以上时就算"锰钢"，较一般钢量的钢不但有足够的韧性，且有较高的强度和硬度，提高钢的淬透性，改善钢的热加工性能，如16Mn钢比A3屈服点高40%。含锰11%~14%的钢有极高的耐磨性，用于挖土机铲斗，球磨机衬板等。锰量增高，减弱钢的抗腐蚀能力，降低焊接性能。

（4）磷（P）。在一般情况下，磷是钢中有害元素，增加钢的冷脆性，使焊接性能变坏，降低塑性，使冷弯性能变坏。因此通常要求钢中含磷量小于0.045%，优质钢要求更低些。

（5）硫（S）。硫在通常情况下也是有害元素。使钢产生热脆性，降低钢的延展性和韧性，在锻造和轧制时造成裂纹。硫对焊接性能也不利，降低耐腐蚀性。所以通常要求硫含量小于0.055%，优质钢要求小于0.040%。在钢中加入0.08%~0.20%的硫，可以改善切削加工性，通常称易切削钢。

（6）铬（Cr）。在结构钢和工具钢中，铬能显著提高强度、硬度和耐磨性，但同时降低塑性和韧性。铬又能提高钢的抗氧化性和耐腐蚀性，因而是不锈钢、耐热钢的重要合金元素。

（7）镍（Ni）。镍能提高钢的强度，而又保持良好的塑性和韧性。镍对酸碱有较高的耐腐蚀能力，在高温下有防锈和耐热能力。但由于镍是较稀缺的资源，故应尽量采用其他合金元素代用镍铬钢。

（8）钼（Mo）。钼能使钢的晶粒细化，提高淬透性和热强性能，在高温时保持足够的强度和抗蠕变能力（长期在高温下受到应力，发生变形，称蠕变）。结构钢中加入钼，能提高机械性能。还可以抑制合金钢由于淬火而引起的脆性。在工具钢中可提高红硬性。

（9）钛（Ti）。钛是钢中强脱氧剂。它能使钢的内部组织致密，细化晶粒力，降低时效敏感性和冷脆性，改善焊接性能。在铬18镍9（Cr18Ni9）奥氏体不锈钢中加入适当的钛，可避免晶间腐蚀。

（10）钒（V）。钒是钢的优良脱氧剂。钢中加0.5%的钒可细化组织晶粒，提高强度和韧性。钒与碳形成的碳化物，在高温高压下可提高抗氢腐蚀能力。

（11）钨（W）。钨熔点高，比重大，是天生的合金元素。钨与碳形成碳化钨有很高的硬度和耐磨性。在工具钢加钨，可显著提高红硬性和热强性，作切削工具及锻模具用。

（12）铌（Nb）。铌能细化晶粒和降低钢的过热敏感性及回火脆性，提高强度，但塑性和韧性有所下降。在普通低合金钢中加铌，可提高抗大气腐蚀及高温下抗氢、氮、氨腐蚀能力。铌可改善焊接性能。在奥氏体不锈钢中加铌，可防止晶间腐蚀现象。

（13）钴（Co）。钴是稀有的贵重金属，多用于特殊钢和合金中，如热强钢和磁性材料。可以提高抗热、抗氧化性能。

（14）铜（Cu）。铜能提高强度和韧性，特别是大气腐蚀性能。缺点是在热加工时容易产生热脆，铜含量超过0.5%塑性显著降低。当铜含量小于0.50%对焊接性无影响。

（15）铝（Al）。铝是钢中常用的脱氧剂。钢中加入少量的铝，可细化晶粒，提高冲击韧性，如作深冲薄板的08Al钢。铝还具有抗氧化性和抗腐蚀性能，铝与铬、硅合用，可显著提高钢的高温不起皮性能和耐高温腐蚀的能力。铝的缺点是影响钢的热加工性能、焊接性能和切削加工性能。

(16) 硼（B）。钢中加入微量的硼就可改善钢的致密性和热轧性能，提高强度。

(17) 氮（N）。氮能提高钢的强度，低温韧性和焊接性，增加时效敏感性。

(18) 稀土（Xt）。稀土元素是指元素周期表中原子序数为57-71的15个镧系元素。这些元素都是金属，但他们的氧化物很象"土"，所以习惯上称稀土。钢中加入稀土，可以改变钢中夹杂物的组成、形态、分布和性质，从而改善了钢的各种性能，如韧性、焊接性、冷加工性能。在犁铧钢中加入稀土，可提高耐磨性。

任务三 认识有色金属

有色金属是国民经济发展的基础材料，由于其具有许多优良的特性，如特殊的电、磁、热性能、耐蚀性能及高的比强度（强度与密度之比）等，已成为现代工业中不可缺少的金属材料。航空、航天、汽车、机械制造、电力、通信、建筑、家电等绝大部分行业都以有色金属材料为生产基础。随着现代化工、农业和科学技术的突飞猛进，有色金属在人类发展中的地位越来越重要。它不仅是世界上重要的战略物资、重要的生产资料，而且也是人类生活中不可缺少的消费物品的重要材料。

有色金属材料多为稀缺材料，关系到国家的发展战略及国防安全，有意识地保护、合理地开发与利用是我们每个公民的责任。

任务目标

1. 了解有色金属材料的种类；
2. 掌握铝及铝合金的性能；
3. 熟悉铜及铜合金的性能；
4. 熟悉镁及镁合金的性能；
5. 掌握有色金属知识，树立文化自信。

任务描述

有色金属通常指除去铁（有时也除去锰和铬）和铁基合金以外的所有金属。有色金属可分为重金属（如铜、铅、锌）、轻金属（如铝、镁）、贵金属（如金、银、铂）及稀有金属（如钨、钼、锗、锂、镧、铀）。本任务介绍几种主要的有色金属。

知识链接

狭义的有色金属又称非铁金属，是铁、锰、铬以外的所有金属的统称。广义的有色金属还包括有色合金。

有色合金是以一种以有色金属为基体（通常大于50%），加入一种或几种其他元素而构成的合金。有色金属可分为重金属（如铜、铅、锌）、轻金属（如铝、镁）、贵金属（如金、银、铂）及稀有金属（如钨、钼、锗、锂、镧、铀）。

轻金属。密度小于4 500千克/立方米（0.53~4.5 g/cm³），分为有色轻金属和稀有轻金属两类。有色轻金属有铝、镁、钾、钠、钙、锶、钡等，前四种在工业上多用作还原剂，铝、镁、钛及其合金相对密度较小，强度较高，抗蚀性较强，广泛用于飞机制造和宇航等工业部门。稀有轻金属有锂、铍、铷、铯等，铍主要用于配制铍青铜，由于铍的热中子俘获截面小，又可用作原子核反应堆的结构材料。锂用作金属冶炼时的脱氧剂和除气剂，并作为热核反应材料。

重金属。密度大于4 500千克/立方米（4.5 g/cm³）。约有45种，如铜、铅、锌、铁、钴、镍、钒、铌、钽、钛、锰、镉、汞、钨、钼、金、银等。尽管锰、铜、锌等重金属是生命活动所需要的微量元素，但是大部分重金属如汞、铅、镉等并非生命活动所必须，而且所有重金属超过一定浓度都对人体有毒。

贵金属。主要指金、银和铂族金属（钌、铑、钯、锇、铱、铂）等8种金属元素。这些金属大多数拥有美丽的色泽，具有较强的化学稳定性，一般条件下不易与其他化学物质发生化学反应。价格比一般常用金属昂贵，地壳丰度低，提纯困难。

半金属。性质介于金属和非金属之间。通常指硼、硅、锗、砷、碲、砹和锑。若沿元素周期表ⅢA族的硼和铝之间到ⅥA族的碲和钋之间画一锯齿形斜线，则贴近这条斜线的元素（除铝和钋外）都是半金属。

稀有金属。包括稀有轻金属，如锂、铷、铯等；稀有难熔金属，如钛、锆、钼、钨等；稀有分散金属，如镓、铟、锗等；稀土金属，如钪、钇、镧系金属；放射性金属，如镭、钫、钋及阿系元素中的铀、钍等。

下面介绍几种常见的有色金属。

一、铝及铝合金

铝是强度低、塑性好的金属，是生产铝材及铝合金材的原料。除部分应用纯铝外，为了提高强度或综合性能，多配成合金。铝中加入一种合金元素，就能使其组织结构和性能发生改变，适宜作各种加工材料或铸造零件。经常加入的合金元素有铜、镁、锌、硅。

地壳中铝元素的含量在7%以上，在全部化学元素中含量占第三位（仅次于氧和硅），在全部金属元素中占第一位。铝呈银白色，密度2.702 g/cm³，熔点660.37 ℃，沸点2 467 ℃。

高温下铝也与非金属反应，也溶于酸或碱中。但与水、硫化物、浓硫酸、任何浓度的醋酸，以及一切有机酸类均无作用。铝以化合态存在于各种岩石或矿石里，如长石、云母、高岭土、铝土矿、明矾。铝由其氧化物与冰晶石（Na_3AlF_6）共熔电解制得。纯铝大量用于电缆、日用器皿；其合金质轻而坚韧，是制造飞机、火箭、汽车的结构材料。

铝原子序数为13，原子量为26.98，面心立方结构，熔点660.4 ℃，密度2.702 g/cm³。晶格常数4.05A，原子直径2.86A。

1. 工业纯铝

纯铝呈银白色，有良好的导电导热性，及抗大气腐蚀性。抗大气腐蚀性高；铝在大气中极易和氧作用生成一层牢固致密的氧化膜，厚度约为50~100 A，可防止铝继续氧化；即使在熔融状态，仍然能维持氧化膜的保护作用。因此，铝在大气环境中是抗蚀的。Al_2O_3膜具有酸、碱两重性，因此，纯铝除在氧化性的浓硝酸（80%~98%）中有极高的稳定性外（优于Ni-Cr系不锈钢），在硫酸、盐酸、碱、盐和海水中均不稳定。

纯铝低温性能良好、无低温脆性。在0℃以下随着温度的降低，其强度和塑性提高。纯铝的缺点是材料硬度小，太软，非常容易弯折或者变形。

2. 铝合金

1）铝合金及其特点

铝合金是以铝为基础添加一定量其他合金化元素制成的，是轻金属材料之一。铝合金除具有铝的一般特性外，由于添加合金元素的种类和数量的不同又具有一些合金的具体特性。铝合金的密度为2.63~2.85 g/cm，有较高的强度（σ_b为110~650 MPa），比强度（即材料的抗拉强度与材料表观密度之比）接近高合金钢，可用于轻结构件，尤其航空。比刚度（即材料的弹性模量与其密度的比）超过钢，有良好的铸造性能和塑性加工性能，良好的导电、导热性能，良好的耐蚀性和可焊性，可作结构材料使用，在航天、航空、交通运输、建筑、机电、轻化和日用品中有着广泛的应用。良好的加工性、高塑性、易成型性，某些合金铸造性能好，宜作压铸件。

2）铝合金分类

（1）变形铝合金。

变形铝合金（图4-3-1）是通过冲压、弯曲、轧、挤压等工艺使其组织、形状发生变化的铝合金。熔融法制锭，再经受金属塑性变形加工，制成各种形态的铝合金。有热处理可强化铝合金：包括硬铝合金、超硬铝合金、锻造铝合金。

还有热处理不可强化的铝合金。单相固溶体，强度低、压力加工性能好、有优良的耐蚀性能。牌号标记LF。主要是各种防锈铝合金。在航空、汽车、造船、建筑、化工、机械等各工业部门有广泛应用。

（2）铸造铝合金。

铸造铝合金（图4-3-2）是以熔融金属填充铸型，获得各种形状零件毛坯的铝合金。具有低密度、比强度较高、抗蚀性和铸造工艺性好，受零件结构设计限制小等优点。分为Al-Si和Al-Si-Mg-Cu为基的中等强度合金；Al-Cu为基的高强度合金；Al-Mg为基的耐蚀合金；Al-Re为基的热强合金。大多数需要进行热处理，以达到强化合金、消除铸件内应力、稳定组织和零件尺寸等目的。用于制造梁、燃汽轮叶片、泵体、挂架、轮毂、进气唇口和发动机的机匣等。还用于制造汽车的气缸盖、变速箱和活塞，仪器仪表的壳体和增压器泵体等零件。

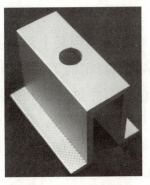
图 4-3-1 变形铝合金

图 4-3-2 铸造铝合金

3）铝合金的热处理

（1）热处理的目的。

铝合金铸件热处理的目的是提高力学性能和耐腐蚀性能、稳定尺寸、改善切削加工和焊接等加工性能。因为许多铸态铝合金的机械性能不能满足使用要求，除 Al-Si 系的 ZL102，Al-Mg 系的 ZL302 和 Al-Zn 系的 ZL401 合金外，其余的铸造铝合金都要通过热处理来进一步提高铸件的机械性能和其他使用性能，具体有以下几个方面：①消除由于铸件结构（如壁厚不均匀、转接处厚大）等原因使铸件在结晶凝固时因冷却速度不均匀所造成的内应力；②提高合金的机械强度和硬度，改善金相组织，保证合金有一定的塑性和切削加工性能、焊接性能；③稳定铸件的组织和尺寸，防止和消除高温相变而使体积发生变化；④消除晶间和成分偏析，使组织均匀化。

（2）热处理方法。

铸造铝合金的金相组织比变形铝合金的金相组织粗大，因而在热处理时也有所不同。前者保温时间长，一般都在 2h 以上，而后者保温时间短，只要几十分钟。因为金属型铸件、低压铸造件、差压铸造件是在比较大的冷却速度和压力下结晶凝固的，其结晶组织比石膏型、砂型铸造的铸件细很多，故其在热处理时的保温也短很多。铸造铝合金与变形铝合金的另一不同点是壁厚不均匀，有异形面或内通道等复杂结构外形，为保证热处理时不变形或开裂，有时还要设计专用夹具予以保护，并且淬火介质的温度也比变形铝合金高，故一般多采用人工时效来缩短热处理周期和提高铸件的性能。

①退火处理。

退火处理的作用是消除铸件的铸造应力和机械加工引起的内应力，稳定加工件的外形和尺寸，并使 Al-Si 系合金的部分 Si 结晶球状化，改善合金的塑性。其工艺是：将铝合金铸件加热到 280 ℃~300 ℃，保温 2~3h，随炉冷却到室温，使固溶体慢慢发生分解，析出的第二质点聚集，从而消除铸件的内应力，达到稳定尺寸、提高塑性、减少变形、翘曲的目的。

②淬火。

淬火是把铝合金铸件加热到较高的温度（一般在接近于共晶体的熔点，多在 500 ℃ 以上），保温 2h 以上，使合金内的可溶相充分溶解。然后，急速淬入 60 ℃~100 ℃ 的水中，使铸件急冷，使强化组元在合金中得到最大限度的溶解并固定保存到室温。这种过程叫做淬火，也叫固溶处理或冷处理。

③时效处理。

时效处理，又称低温回火，是把经过淬火的铝合金铸件加热到某个温度，保温一定时间出炉空冷直至室温，使过饱和的固溶体分解，让合金基体组织稳定的工艺过程。

合金在时效处理过程中，随温度的上升和时间的延长，约经过过饱和固溶体点阵内原子的重新组合，生成溶质原子富集区（称为G-PⅠ区）和G-PⅠ区消失，第二相原子按一定规律偏聚并生成G-PⅡ区，之后生成亚稳定的第二相（过渡相），大量的G-PⅡ区和少量的亚稳定相结合以及亚稳定相转变为稳定相、第二相质点聚集几个阶段。

时效处理又分为自然时效和人工时效两大类。自然时效是指时效强化在室温下进行的时效。人工时效指将经固溶处理后的合金加热到室温以上的适当温度，保持一定时间使合金性能发生变化的处理过程。人工时效时，新相沉淀的速度较自然时效快，但硬化的峰值没有自然时效高。如果加热温度过高或保温时间过长，会产生过时效而使硬度降低。人工时效又分为不完全人工时效、完全人工时效、过时效3种。

不完全人工时效。把铸件加热到150 ℃～170 ℃，保温3～5 h，以获得较好抗拉强度、良好的塑性和韧性，但抗蚀性较低的热处理工艺。

完全人工时效。把铸件加热到175 ℃～185 ℃，保温5～24 h，以获得足够的抗拉强度（即最高的硬度）但延伸率较低的热处理工艺。

过时效。把铸件加热到190 ℃～230 ℃，保温4～9 h，使强度有所下降，塑性有所提高，以获得较好的抗应力、抗腐蚀能力的工艺，也称稳定化回火。

④循环处理。

把铝合金铸件冷却到零下某个温度（如-50 ℃、-70 ℃、-195 ℃）并保温一定时间，再把铸件加热到350 ℃以下，使合金中度固溶体点阵反复收缩和膨胀，并使各相的晶粒发生少量位移，以使这些固溶体结晶点阵内的原子偏聚区和金属间化合物的质点处于更加稳定的状态，达到提高产品零件尺寸、体积更稳定的目的。这种反复加热冷却的热处理工艺叫循环处理。这种处理适合使用中要求很精密、尺寸很稳定的零件（如检测仪器上的一些零件）。一般铸件均不作这种处理。

（3）铸造铝合金热处理状态代号及含义（表4-3-1）。

表4-3-1　铸造铝合金热处理状态代号及含义

代号	热处理状态	热处理的作用或目的
T1	人工时效	在金属型或湿砂型铸造的合金，因冷却速度较快，已得到一定程度的过饱和固溶体，即有部分淬火效果。再作人工时效，脱溶强化，则可提高硬度和机械强度，改善切削加工性。对提高ZL104、ZL105等合金的强度有效
T2	退火	稳定铸件尺寸，并使Al-Si系合金的Si晶体球状化，提高其塑性。对Al-Si系合金效果比较明显，退火温度280 ℃～300 ℃，保温时间为2～4h
T4	固溶处理（固溶淬火）+自然时效	通过加热保温，使可溶相溶解，然后急冷，使大量强化相固溶在α固溶体内，获得过饱和固溶体，以提高合金的硬度、强度及抗蚀性。对Al-Mg系合金为最终热处理，对需人工时效的其他合金则是预备热处理

续表

代号	热处理状态	热处理的作用或目的
T5	固溶处理（固溶淬火）+不完全人工时效	用来得到较高的强度和塑性，但抗蚀性会有所下降，晶间腐蚀会有所增加。时效温度低，保温时间短，时效温度约150 ℃~170 ℃，保温时间为3~5 h
T6	固溶处理（固溶淬火）+完全人工时效	用来获得最高的强度，但塑性和抗蚀性有所降低。在较高温度和较长时间内进行。适用于要求高负荷的零件，时效温度约175 ℃~185 ℃，保温时间5h以上
T7	固溶处理（固溶淬火）+稳定化回火	用来稳定铸件尺寸和组织，提高抗腐蚀能力，并保持较高的力学性能。多在接近零件的工作温度下进行。适合300 ℃以下高温工作的零件，回火温度为190 ℃~230 ℃，保温时间4~9 h
T8	固溶处理（固溶淬火）+软化回火	使固溶体充分分解，析出的强化相聚集并球状化，以稳定铸件尺寸，提高合金的塑性，但抗拉强度下降。适合要求高塑性的铸件，回火温度约230 ℃~330 ℃，保温时间3~6 h
T9	循环处理	用来进一步稳定铸件的尺寸外形。其反复加热和冷却的温度及循环次数要根据零件的工作条件和合金的性质来决定。适合要求尺寸、外形很精密稳定的零件。

二、铜及铜合金

1. 铜和铜合金的特点

（1）较好的理化性能。

铜和铜合金是良好的导电材料，还具有良好的导热性，抗大气腐蚀、抗海水腐蚀性。例：汽车工业中，用纯铜制作汽车散热器；在造船工业中用锡黄铜制作与海水、汽油等接触的零件。

（2）良好的加工性。

易冷成型，且铸造铜合金，有良好铸造性能。

（3）其他特有性能。

优良减摩性和耐磨性（青铜和部分黄铜，滑动轴承或蜗轮等），较高的弹性极限和疲劳极限。如铍青铜，用于高性能弹性元件，强度极限可达1250~1500MPa。

（4）色泽美观。

2. 铜合金种类

铜合金分为黄铜（Cu-Zn）、青铜（主要为Cu-Sn）、白铜（Cu-Ni）三大类。

1）黄铜（图4-3-3）

黄铜是由铜和锌所组成的合金，由铜、锌组成的黄铜就叫作普通黄铜，如果是由两种以上的元素组成的多种合金就称为特殊黄铜。黄铜有较强的耐磨性能，黄铜常被用于制造阀门、水管、空调内外机连接管和散热器等。

类别：有普通黄铜（Cu—Zn）与特殊黄铜（加工黄铜、铸造黄铜）。特殊黄铜是在Cu-Zn基础上再加Ni、Pb、Al等，较高强度和耐蚀性。

典型牌号：H96（加工黄铜），HP$_b$60—1（特殊黄铜），ZH（铸造黄铜）。

2）青铜

青铜是金属冶铸史上最早的合金，在纯铜（紫铜）中加入锡或铅的合金，有特殊重要性和历史意义，与纯铜相比，青铜强度高且熔点低，25%的锡冶炼青铜，熔点会降低到800 ℃（纯铜的熔点为1083 ℃）。青铜铸造性好，耐磨且化学性质稳定。

青铜发明后，立刻盛行起来，从此人类历史也就进入新的阶段——青铜时代（图4-3-4为青铜器四羊方尊）。

图4-3-3 黄铜

图4-3-4 青铜器（四羊方尊）

青铜分为压力加工青铜和铸造青铜两类。

（1）压力加工青铜。

锡青铜（Sn2%～5%）、铝青铜（Al5%～7%）及铍青铜，用于制造仪器仪表元件、耐蚀场合的耐磨件、抗磁件等。

（2）铸造青铜。

铸造青铜是用于生产铸件的青铜。青铜铸件广泛应用于机械制造、舰船、汽车、建筑等工业部门，在重有色金属材料中形成铸造青铜系列。常用的铸造青铜有锡青铜、铅青铜、锰青铜和铝青铜等。我国古代遗留下来的文物如铜镜（图4-3-5）、铜钟（图4-3-6）等物件是人类最早应用合金锡青铜制造的。

图4-3-5 铜镜

图4-3-6 铜钟

3）白铜

白铜是以镍为主要添加元素的铜基合金，呈银白色，有金属光泽，故名白铜。铜镍之间彼此可无限固溶，从而形成连续固溶体，即不论彼此的比例多少，都恒为α-单相合金。当把镍熔入红铜里，含量超过16%以上时，产生的合金色泽就变得洁白如银，镍含量越高，颜色越白。白铜中镍的含量一般为25%。镍白铜（也叫洋白铜），主要用于晶体振荡元件外壳、晶体壳体、电位器用滑动片、医疗机械、建筑材料等。

纯铜加镍能显著提高强度、耐蚀性、硬度、电阻和热电性，并降低电阻率温度系数。因此白铜较其他铜合金的机械性能、物理性能都异常良好，延展性好、硬度高、色泽美观、耐腐蚀、富有深冲性能，被广泛使用于造船、石油化工、电器、仪表、医疗器械、日用品、工艺品等领域，并还是重要的电阻及热电偶合金。白铜的缺点是主要添加元素——镍属于稀缺的战略物资，价格比较昂贵。

白铜又分为复杂白铜、普通白铜、工业白铜。

加有锰、铁、锌、铝等元素的白铜合金称复杂白铜（即三元以上的白铜），铜镍二元合金（即二元白铜）称为普通白铜。工业用白铜分为结构白铜和精密电阻合金用白铜（电工白铜）两大类。

图4-3-7及图4-3-8所示分别为白铜棒与清朝时期的白铜手炉。

图4-3-7 白铜棒

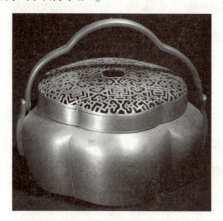

图4-3-8 清·白铜手炉

三、镁及镁合金

1. 纯镁

1）纯镁的特性

纯镁密度低，常用结构材料中最轻的金属：20 ℃时密度1.738 g/cm³。纯镁的力学性能很差，体积热容比其他金属都低，20 ℃时的体积热容为1 781 J/（dm³·K），铝为2 430 J/（dm³·K），钛为2 394 J/（dm³·K），镍为4 192 J/（dm³·K），铁为3 521 J/（dm³·K），铜为3 459 J/（dm³·K），锌为2 727 J/（dm³·K）。镁及其合金加热升温与散热降温都比其他金属快。

纯镁化学活性高，潮湿大气、海水、无机酸及其盐类、有机酸、甲醇等介质中均会引起剧烈的腐蚀。在干燥大气、碳酸盐、氟化物、铬酸盐、氢氧化钠溶液、苯、四氯化碳、汽油、煤油及不含水和酸的润滑油中很稳定。室温下，镁表面与大气中氧作用，形成氧化镁薄膜，但薄膜较脆，也不像氧化铝薄膜那样致密，故其耐蚀性很差。

室温强度低、塑性差。纯镁单晶体临界切应力为 4.8 MPa 左右，其多晶体的强度和硬度很低，不能直接用作结构材料，纯镁的物理性能见表 4-3-2。

表 4-3-2 纯镁的物理性能

物理性能	单位	AZ91	AM60	A380 DC	A356 T6	尼龙	Mg	钢
比重	g/cm^3	1.81	1.79	2.74	2.69	1.4	1.74	7.8
传热系数	W/(m·k)	51	61	96	159	0.33	156	14
膨胀系数	μm/(m·k)	26	25.6	22	21.5	34.5	26	12
减振性能	MPa	29	52		1.2		34	
比热	J/(l·k)	1900		2640	2590		24.87	1200
熔化潜热	kJ/l	673		1066			904	
凝固范围	℃	470~595	540~615	540~595	555~615		651~695	
腐蚀失重 3 天 5% NaCl	Mg/cm/d	0.02	0.05	0.1			0.43	0.5

2）纯镁的应用

（1）生产铝合金。镁的最大应用领域是作为铝合金添加元素，主要目的是提高铝合金压铸件的各种性能指标，特别是防腐蚀性能。镁与原铝的消费比率约为 0.4%。压铸镁合金铸件占原镁消费的 35% 左右。在镁压铸中，北美、拉美、西欧用量最多。镁合金压铸件在汽车上的使用量上升了 15% 左右。

（2）炼钢脱硫。使用镁粒脱硫效果比碳化钙好，虽然镁价格比碳化钙高，但用量为碳化钙的 1/6~1/7，镁脱硫比碳化钙经济。一吨钢消耗镁粒 0.4~0.5 kg，脱硫后含硫量 0.001%~0.005%。

（3）金属还原剂。如稀土合金、钛等。

（4）镁牺牲阳极保护阴极。防腐性能好、不需外加直流电源、安装后自动运行、不需维护、占地面积少、工程费用低、与外界环境不发生任何干扰。石油管道、天然气、煤气管道和储罐；港口、船舶、海底管线、钻井平台；机场、停车场、桥梁、发电厂、市政建设、水处理厂、石化工厂、冶炼厂、加油站的腐蚀防护以及热水器、换热器、蒸发器、锅炉等设备。

2. 镁合金

镁合金的性能大大提高。镁合金具有比强度和比刚度高、导热性好、导热率高，仅次于铝合金、导电性优良；良好的阻尼性、减振性能；优良的铸造性能；无毒，无磁性，对环境无任何不良影响；电磁屏蔽性能较好；回收性好，符合环保要求；极好的切削加工性能；尺寸稳定性高；良好的低温性能，用于制作低温下工作的零件；具有超导性和储氢性等特点，因此镁合金是一种非常理想的现代工业结构材料。

镁合金可分为铸造镁合金和变形镁合金。镁合金按合金组元不同主要有 Mg-Al-Zn-Mn 系（AZ）、Mg-Al-Mn 系（AM）和 Mg-Al-Si-Mn 系（AS）、Mg-Al-RE 系（AE）、Mg-Zn-Zr 系（ZK）、Mg-Zn-RE 系（ZE）等。它们具有各自的性能特点，能满足不同场合的要求。

1）变形镁合金

镁合金具有比强度和比刚度高、导热导电性好、阻尼减振、电磁屏蔽、易于加工成型和容易回收等优点，在汽车、电子通信、航空航天和国防军事等领域具有极其重要的应用价值和广阔的应用前景，被誉为"21 世纪绿色工程材料"。

变形镁合金相比于铸造镁合金具有更大的发展潜力，通过材料结构的控制、热处理工艺的应用，变形镁合金可获得更高的强度、更好的延展性和更多样化的力学性能，从而满足多样化工程结构件的应用需求。变形镁合金往往需要加热到一定温度并通过挤压、轧制及锻造等热成型技术加工而成，主要用于薄板、挤压件和锻件等。图 4-3-9 为变形镁合金板。

图 4-3-9　变形镁合金板

为保证变形镁合金较高的塑性，其中合金元素的含量往往比较低，要求在凝固组织中含有较少共晶相。

2）铸造镁合金

铸造镁合金是以镁为基加入合金化元素形成的，适于用铸造方法生产零部件的场合。铸造镁合金主要用于汽车零件、机件壳罩和电气构件等。图 4-3-10 为航空航天用镁合金铸件。

图 4-3-10　航空航天用镁合金铸件

铸造镁合金具有如下特性：结晶温度间隔大，体收缩和线收缩大，组织中的共晶体量、比热容、凝固潜热、密度以及液体压头均小，流动性低，拉裂、缩松倾向一般较铸造铝合金大得多。

铸造镁合金中合金元素含量高于变形镁合金，以保证液态合金具有较低的熔点，较高的流动性和较少的缩松缺陷等。如果还需要通过热处理对镁合金进一步强化，那么所选择的合金元素还应该在镁基体中具有较高的固溶度，而且这一固溶度还会随着温度的改变而发生明显的变化，并在时效过程中能够形成强化效果显著的第二相。铝在α-Mg中的固溶度在室温时大约只有2%，升至共晶温度436 ℃时则高达12.1%，因此压铸AZ91HP合金具备了一定的时效强化能力，其强度有可能通过固溶和时效的方法得到进一步的提高。

❖ 任务练习

1. 填空题

（1）_____是以一种有色金属为基体，加入一种或几种其他元素而构成的合金。通常指除去_____和_____以外的所有金属。有色金属可分为_____、_____、_____及稀有金属（如钨、钼、锗、锂、镧、铀）。

（2）铝合金铸件热处理的目的是提高_____和_____，稳定尺寸，改善切削加工和焊接等加工性能。

（3）铸造铝合金退火处理的作用是消除铸件的_____和机械加工引起的_____，稳定加工件的外形和尺寸。

（4）时效处理，又称_____，是把经过淬火的铝合金铸件加热到某个温度，保温一定时间出炉空冷直至室温，使过饱和的固溶体分解，让合金基体组织稳定的工艺过程。

（5）黄铜是由_____和_____所组成的合金。

2. 选择题

（1）我国古代遗留下来的文物如铜镜、铜钟等物件是人类最早应用的合金（　　）制造的。

A. 黄铜　　　　B. 锡青铜　　　　C. 铝青铜　　　　D. 铅青铜

（2）铸造镁合金中合金元素含量（　　）高于变形镁合金，以保证液态合金具有较低的熔点，较高的流动性和较少的缩松缺陷等。

A. 高于　　　　B. 等于　　　　C. 低于　　　　D. 不确定

（3）青铜是金属冶铸史上最早的合金，是在（　　）中加入锡或铅的合金。

A. 黄铜　　　　B. 白铜　　　　C. 红铜　　　　D. 紫铜

（4）（　　）常被用于制造阀门、水管、空调内外机连接管和散热器等。

A. 黄铜　　　　B. 白铜　　　　C. 红铜　　　　D. 紫铜

3. 简答题

（1）什么是退火处理？其工艺是什么？

（2）什么是自然时效？什么是人工时效？

❖ 任务拓展

阅读材料——有色金属的开采及生产

有色金属工业包括地质勘探、采矿、选矿、冶炼和加工等部门。矿石中有色金属含量一般都较低，为了得到1吨有色金属，往往要开采成百吨以至万吨以上的矿石。因此矿山是发展有色金属工业的重要基础。有色金属矿石中常是多种金属共生，因此必须合理提取和回收有用组分，做好综合利用，以便合理利用自然资源。许多稀有金属、贵金属以及硫酸等化工产品，都是在处理有色金属矿石或中间产品以及矿渣、烟尘的过程中回收得到的。有色金属生产过程中通常产生大量废气、废水和废渣，其中含有多种有用组分，有时含有有毒物质，一些有色金属也具有毒性。因此，在生产有色金属的过程中，必须注意综合利用与环境保护。

与钢铁的生产相比，一般说来，有色金属生产需要的能量是比较多的。

据统计，矿石生产每吨钢能耗以100计，镁为1127，铝为767，镍为455，铜为352，锌为206。因此，在有色金属工业中，降低能耗问题非常突出。在有色金属的开采、选矿、冶炼、加工及再生回收过程中，有多种提取方法可供选用。就冶炼过程而言，通常分为火法冶金、湿法冶金和电冶金。火法冶金一般具有处理精矿能力大，能够利用硫化矿中硫的燃烧热，可以经济地回收贵金属、稀有金属等优点；但往往难以达到良好的环境保护。湿法冶金常用于处理多金属矿、低品位矿和难选矿；电冶金则适用于铝、镁、钠等活性较大的金属的生产。这些方法要针对所处理的矿物组成选择使用或组合使用。为了强化有色金属的冶炼加工过程，发展了一系列新技术、新方法和新设备，如高压浸取、流态化焙烧、有机溶剂萃取、离子交换、金属热还原、区域熔炼、真空冶金、喷射冶金等离子冶金、氯化冶金以及连续铸轧、等静压加工、扩散焊接、超塑成型等，大大丰富了冶金学的理论和工艺，不断推动了有色金属生产的发展。

有色金属大多是加工成材后使用，因此如何合理有效地生产性能良好、物美价廉的有色金属材料以取得最大的社会经济效益，是十分重要的问题。随着科学技术的进步与国民经济的发展，对于有色金属材料在数量、品种、质量及成本等方面不断提出新的要求；不仅要求提供更好性能的结构材料、功能材料。对其化学成分、物理性能、组织结构、晶体状态、加工状态、表面与尺寸精度以及产品的可靠性、稳定性等方面的要求也越来越高。

总的说来，有色金属材料的生产正向大型化、连续化、自动化、标准化方向发展，这就需要高精度、高可靠性的工艺、装备、控制技术与成品检测技术。一些新材料，如半导体材料、复合材料、超导材料，新技术如粉末冶金、表面处理等已经形成或者正在发展成为一个新的技术领域。

任务四　认识工程塑料

工程塑料已经成为塑料工业中增长最快的材料，随着我国经济持续增长，工程塑料的使用范围不断拓宽，发挥的作用越来越大，可替代金属作为工程结构材料使用，制造机器零部件。工程塑料具有优良的综合性能，刚性大，蠕变小，机械强度高，耐热性好，电绝缘性好，可在较苛刻的化学、物理环境中长期使用，因而被广泛用于电子电气、交通运输、机械设备及日常生活用品等领域，在国民经济中的地位日益明显。

工程塑料的价值及使用潜力还亟待挖掘。因此，我们既要学习已有知识，又要去探索尚待发现的未知，为国家建设做贡献！

任务目标

1. 了解通用工程塑料的性能；
2. 了解通用塑料的主要品种及应用领域；
3. 了解特种工程材料的名称、特性；
4. 培养对工程塑料的兴趣，树立研发制造新型材料的信心及为国家建设做贡献的决心。

任务描述

工程塑料分为通用工程塑料和特种工程塑料。本任务介绍五种通用塑料性质、性能及使用范围，也对新型特种工程塑料作了概述。有些特种工程塑料仍处于研发和试制阶段。加强对新型特种工程塑料的学习，树立开发性能更好的品种的信心，以更好地满足用户的需要，同时也为社会的发展进步做出自己的贡献。

知识链接

工程塑料是通用工程塑料和特种工程塑料（又称高性能工程塑料和耐热工程塑料）的总称，通常是指能在较宽温度范围内和较长使用时间，保持优良性能，并能承受机械应力作为结构材料使用的一类塑料，具有机械强度高或耐高温、耐腐蚀、耐辐射等特殊性能，可替代金属作一些机械构件，能在较宽的温度范围和较为苛刻的化学及物理环境中使用的塑料材料。

非金属材料种类

通用工程塑料通常是指已大规模产业化生产的、成型性能好、价格较低廉、应用范围较广，常见的五大通用工程塑料为：聚酰胺（PA）、聚碳酸酯（PC）、聚甲醛（POM）、聚酯（主要是PBT）及聚苯醚（PPO）。

而特种工程塑料则是指综合性能较高，长期使用温度在150 ℃以上、性能更加优异独特的一类工程塑料，但目前大部分尚未大规模产业化生产或生产规模较小、用途相对较窄，如聚苯硫醚（PPS）、聚酰亚胺（PI）、聚砜（PSF）、聚醚酮（PEK）、液晶聚合物（LCP）等。特种工程塑料具有独特、优异的物理性能，主要应用于电子电气、特种工业等高科技领域。

一、通用工程塑料的性能及用途

1. PA 塑料

PA 塑料，中文名称"聚酰胺"，又叫"尼龙"。

PA 中的主要品种是 PA6 和 PA66，占绝对主导地位，其次是 PA11，PA12，PA610，PA612，另外还有 PA1010，PA46 等。另外，PA 的改性品种数量繁多，可满足不同的特殊要求，作为各种结构材料，广泛用作金属、木材等传统材料的替代品。

1）性质

聚酰胺与一般的塑料相比，它具有耐磨、强韧、质轻、耐药品、耐热、耐寒、易成型、自润滑、无毒、易染色等优点。室温下 PA 具有较高的拉伸强度和冲击强度，而且使用温度范围广，一般可达 -40 ℃ ~ 100 ℃。另外，它流动性好。

物料性能：坚韧，耐磨，耐油，耐水，抗酶菌，但吸水大。

比重：PA6：1.14 g/cm³，PA66：1.15 g/cm³，PA1010：1.05 g/cm³。

成型收缩率：PA6：0.8% ~ 2.5%，PA66：1.5% ~ 2.2%。

成型温度：220 ℃ ~ 300 ℃。

干燥条件：100 ℃ ~ 110 ℃，12 h。

2）成型性能

（1）结晶料（图 4-4-1），熔点较高，熔融温度范围窄，热稳定性差，料温超过 300 ℃、滞留时间超过 30 min 即分解。较易吸湿，需干燥，含水量不得超过 0.3%。

（2）流动性好，易溢料。宜用自锁时喷嘴，并应加热。

（3）成型收缩范围及收缩率大，方向性明显，易发生缩孔、变形等。

（4）模温按塑件壁厚在 20 ℃ ~ 90 ℃ 范围内选取，注射压力按注射机类型、料温、塑件形状尺寸、模具浇注系统选定，成型周期按塑件壁厚选定。树脂黏度小时，注射、冷却时间应取长，并用白油作脱模剂。

（5）模具浇注系统的形式和尺寸，增大流道和浇口尺寸可减少缩水。

3）PA 塑料用途

（1）汽车制造方面。用于制造燃料滤网、燃料过滤器、罐、捕集器、储油槽、发动机汽缸盖罩、散热器水缸、平衡旋转轴齿轮。也可用在汽车的电器配件、接线柱等。另外，它还可用作驱动、控制部件等。

（2）电器电子工业。可用于制造电饭锅、电动吸尘器、高频电子食品加热器，电器产品的接线柱、开关和电阻器等，如电子打字机的数字旋转盘、接线柱。

（3）医疗器械及精密仪器。用于医用输血管、取血器、输液器等。PA单丝可做外科手术缝线、假发等。

（4）其他方面：用于制作一次性打火机体、碱性干电池衬垫、摩托车驾驶员的头盔、办公机器外壳，办公用椅的角轮、座和靠背、冰鞋、钓鱼线等（图4-4-2为PA渔网）。另外，因PA薄膜气体阻隔性能优良，而且耐油性、耐低温冲击性、耐穿透性好，可用于肉、火腿肠等冷冻食品的包装。聚酰胺还可作棒材和板材，也作齿轮或其他传动装置、印刷机的带式过滤片等。

图4-4-1　PA颗粒

图4-4-2　PA渔网

4）PA改性料

由于PA塑料强极性的特点，吸湿性强，尺寸稳定性差，但可以通过改性来改善。

（1）阻燃PA。

由于在PA塑料中加入了阻燃剂，大部分阻燃剂在高温下易分解，释放出酸性物质，对金属具有腐蚀作用，因此，塑化元件（螺杆、过胶头、过胶圈、过胶垫圈、法兰等）需镀硬铬处理。

工艺方面，尽量控制机筒温度不能过高，注射速度不能太快，以避免因胶料温度过高而分解引起制品变色和力学性能下降。

（2）透明PA。

具有良好的拉伸强度、耐冲击强度、刚性、耐磨性、耐化学性、表面硬度等性能，透光率高，与光学玻璃相近，加工温度为300℃~315℃，成型加工时，需严格控制机筒温度，熔体温度太高会因降解而导致制品变色，温度太低会因塑化不良而影响制品的透明度。模具温度尽量取低些，模具温度高会因结晶而使制品的透明度降低。

（3）耐候PA。

在PA塑料中加入了炭黑等吸收紫外线的助剂，这些对PA的自润滑性和对金属的磨损大大增强，成型加工时会影响下料和磨损机件。因此，需要采用进料能力强及耐磨性高的螺杆、机筒、过胶头、过胶圈、过胶垫圈组合。

（4）玻璃纤维增强PA。

在PA加入30%的玻璃纤维，PA的力学性能、尺寸稳定性、耐热性、耐老化性能有明显提高，耐疲劳强度是未增强的2.5倍。玻璃纤维增强PA的成型工艺与未增强时大致相同，但因流动较增强前差，所以注射压力和注射速度要适当提高，机筒温度提高10℃~40℃。

由于玻纤在注塑过程中会沿流动方向取向，引起力学性能和收缩率在取向方向上增强，导致制品变形翘曲，因此，模具设计时，浇口的位置、形状要合理，工艺上可以提高模具的温度，制品取出后放入热水中让其缓慢冷却。

另外，加入玻纤的比例越大，其对注塑机的塑化元件的磨损越大，最好是采用双金属螺杆、机筒。

2. PC塑料

PC塑料即聚碳酸酯，是一种非晶体工程材料，具有特别好的抗冲击强度、热稳定性、光泽度、抑制细菌特性、阻燃特性以及抗污染性。PC塑料冲击强度非常高，并且收缩率很低，一般为0.1%~0.2%。

PC有很好的机械特性，但流动特性较差，因此这种材料的注塑过程较困难。在选用何种品质的PC材料时，要以产品的最终期望为基准。如果塑件要求有较高的抗冲击性，那么就使用低流动率的PC材料；反之，可以使用高流动率的PC材料，这样可以优化注塑过程。

PC塑料性质

比重：$1.18~1.20 \text{ g/cm}^3$。

成型收缩率：0.5%~0.8%。

成型温度：230 ℃~320 ℃。

干燥条件：110 ℃~120 ℃，8 h。

适应温度：可在-60 ℃~120 ℃下长期使用。

1）PC塑料的性能

（1）物理性能。

冲击强度高，尺寸稳定性好，无色透明，着色性好，电绝缘性、耐腐蚀性、耐磨性好，但自润滑性差，有应力开裂倾向，高温易水解，与其他树脂相溶性差。适于制作仪表小零件、绝缘透明件和耐冲击零件。

（2）成型性能。

①无定形料，热稳定性好，成型温度范围宽，流动性差。吸湿小，但对水敏感，须经干燥处理。成型收缩率小，易发生熔融开裂和应力集中，故应严格控制成型条件，塑件须经退火处理。

②熔融温度高，黏度高，大于200 g的塑件，宜用加热式的延伸喷嘴。

③冷却速度快，模具浇注系统以粗、短为原则，宜设冷料井，浇口宜取大，模具宜加热。

④料温过低会造成缺料，塑件无光泽，料温过高易溢边，塑件起泡。模温低时收缩率、伸长率、抗冲击强度高，抗弯、抗压、抗张强度低。模温超过120 ℃时塑件冷却慢，易变形黏模。

2）PC塑料用途

（1）光学照明。PC塑料用于制造大型灯罩、防护玻璃、光学仪器的左右目镜筒等（如车辆的前后灯、仪表板），还可广泛用于飞机上的透明材料。图4-4-3与图4-4-4为PC塑料吸顶灯与车辆仪表板。

（2）电子电器。聚碳酸酯是优良的E（120 ℃）级绝缘材料，用于制造绝缘接插件、线圈框架、管座、绝缘套管、电话机壳体及零件、矿灯的电池壳等。也可用于制作尺寸精度很高的零件，如光盘、电话、电子计算机、视频录像机、电话交换器、信号继电器等通信器材。

聚碳酸酯薄膜还被广泛用作电容器、绝缘皮包、录音带、彩色录像磁带等。

(3) 机械设备。PC塑料用于制造各种齿轮、齿条、蜗轮、蜗杆、轴承、凸轮、螺栓、杠杆、曲轴、棘轮、食品加工机，也可作一些机械设备壳体、罩盖和框架等零件。

(4) 医疗器材。PC塑料可作医疗用途的杯、筒、瓶以及牙科器械、药品容器和手术器械，甚至还可用作人工肾、人工肺等人工脏器。

(5) 其他方面。PC塑料在建筑上用作中空筋双壁板、暖房玻璃等；在纺织行业用作纺织纱管、纺织机轴瓦等；日用方面用作奶瓶、餐具、玩具、电冰箱抽屉和模型等。

图 4-4-3　PC塑料吸顶灯

图 4-4-4　车辆PC塑料仪表板

3. POM塑料

POM塑料（即聚甲醛树脂），是由甲醛聚合所得。

POM塑料是高密度（密度：1.41~1.43 g/cm³）、高结晶度的热塑性工程塑料。具有良好的物理、机械和化学性能，尤其是有优异的耐摩擦性能。也正是因为这些优异的化学和物理性能可以和钢铁媲美，而质量又轻于钢，被称之为"赛钢"。

1）POM塑料性能

(1) POM为高结晶聚合物，熔融范围窄，熔融和凝固快，料温稍低于熔融温度即发生结晶。流动性中等。吸湿小，可不经干燥处理。

(2) POM塑料摩擦系数低，弹性好，塑件表面易产生皱纹花样的表面缺陷。

(3) POM塑料极易分解，分解温度为240 ℃。分解时有刺激性和腐蚀性气体发生。故模具钢材宜选用耐腐蚀性的材料制作。

2）POM塑料用途

POM具有很低的摩擦系数和很好的几何稳定性，特别适合于制作齿轮和轴承。由于它还具有耐高温特性，因此还用于管道器件（管道阀门、泵壳体），草坪设备等。图4-4-5与图4-4-6为POM塑料制品。

图 4-4-5　赛钢锥形齿轮（POM塑料）

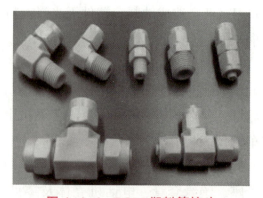
图 4-4-6　POM塑料管接头

4. PBT 塑料

PBT 塑料，即聚对苯二甲酸丁二醇酯，是最坚韧的工程热塑材料之一，它是半结晶材料，有非常好的化学稳定性、机械强度、电绝缘特性和热稳定性。这些材料在很广的环境条件下都有很好的稳定性，PBT 吸湿特性很弱。

PBT 塑料结晶很迅速，这将导致因冷却不均匀而造成弯曲变形。对于有玻璃添加剂类型的材料，流程方向的收缩率可以减小，但与流程垂直方向的收缩率基本上和普通材料没有区别。

一般材料收缩率为 1.5%～2.8%。含 30% 玻璃添加剂的材料收缩率为 0.3%～1.6%。熔点（225 ℃）和高温变形温度都比 PET 材料要低。维卡软化温度大约为 170 ℃，玻璃化转换温度为 22 ℃～43 ℃。

由于 PBT 的结晶速度很高，因此它的黏性很低，塑件加工的周期时间一般也较短。

典型用途：家用器具（食品加工刀片、真空吸尘器元件、电风扇、头发干燥机壳体、咖啡器皿等），电器元件（开关、电动机壳、保险丝盒、计算机键盘按键等），汽车工业（散热器格窗、车身嵌板、车轮盖、门窗部件等）。图 4-4-7 与图 4-4-8 为 PBT 制品。

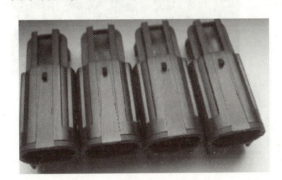
图 4-4-7 PBT 塑料产品配件

图 4-4-8 PBT 键盘按键

5. PPO 塑料

PPO 塑料即聚苯醚，是世界五大通用工程塑料之一，它具有刚性大、耐热性高、难燃、强度较高、电性能优良等优点。另外，聚苯醚还具有耐磨、无毒、耐污染等优点。PPO 的介电常数和介电损耗在工程塑料中是最小的品种之一，几乎不受温度、湿度的影响，可用于低、中、高频电场领域。PPO 的负荷变形温度可达 190 ℃ 以上，脆化温度为 -170 ℃。

其比重：1.07 g/cm³，成型收缩率：0.3%～0.8%，成型温度：260 ℃～290 ℃，干燥条件：130 ℃、4 h。

1) PPO 塑料性能

（1）为白色颗粒。综合性能良好，可在 120 ℃ 蒸汽中使用，电绝缘性好，吸水小，但有应力开裂倾向。改性聚苯醚可消除应力开裂。

（2）有突出的电绝缘性和耐水性优异，尺寸稳定性好。其介电性能居塑料的首位。

（3）PPO 可与 HIPS（高抗冲击聚苯乙烯）共混制得改性材料 MPPO，目前市面上的材料均为此种材料。

（4）有较高的耐热性，玻璃化温度 211 ℃，熔点 268 ℃，加热至 330 ℃ 有分解倾向，PPO 的含量越高其耐热性越好，热变形温度可达 190 ℃。

（5）阻燃性良好，具有自熄性，与HIPS混合后具有中等可燃性。质轻，无毒可用于食品和药物行业。耐光性差，长时间在阳光下使用会变色。

（6）可以与ABS、HDPE、PPS、PA、HIPS、玻璃纤维等进行共混改性处理。

2）PPO塑料用途

（1）适于制作耐热件、绝缘件、减磨耐磨件、传动件、医疗及电子零件。

（2）可作较高温度下使用的齿轮、风叶阀芯等零件，可代替不锈钢使用。

（3）可制作螺丝、紧固件及连接件。

（4）电机、转子、机壳、变压器的电器零件。

如图4-4-9与图4-4-10为PPO塑料制品。

图4-4-9　PPO风叶阀芯

图4-4-10　PPO管接头

二、特种工程塑料的性能及用途

1. 聚苯硫醚

1）性能

聚苯硫醚全称为聚苯基硫醚，是分子主链中带有苯硫基的热塑性树脂，英文简称PPS。

PPS是结晶型（结晶度55%~65%）的高刚性白色粉末聚合物，耐热性高（连续使用温度达240℃）、机械强度、刚性、难燃性、耐化学药品性、电气特性、尺寸稳定性都优良的树脂，耐磨、抗蠕变性优，阻燃性优。有自熄性。防火等级达UL94V-0级，高温、高湿下仍保持良好的电性能。流动性好，易成型，成型时几乎没有缩孔凹斑。与各种无机填料有良好的亲和性。增强改性后可提高其物理机械性能和耐热性（热变形温度），增强材料有玻璃纤维、碳纤维、聚芳酰胺纤维、金属纤维等，以玻璃纤维为主。无机填充料有滑石、高岭土、碳酸钙、二氧化硅、二硫化钼等。

PPS/PTFE、PPS/PA、PPS/PPO等合金已商品化，PPS/PTFE合金改进了PPS的脆性、润滑性和耐腐蚀性，PPS/PA合金为高韧性合金。

玻纤增强PPS具有优异的热稳定性、耐磨性、抗蠕变性、在宽范围（温度、湿度、频率）内有极佳的机械性能和电性能，介电量数小、介电损耗低。作为耐高温，防腐涂料，涂层可以在180℃下长期使用。

2）用途

PPS比重小、强度高、耐腐蚀，可用其取代金属材料，制成军事装备所需的结构部件。如：发动机散热器、车体门、电动泵等，跨海水陆两用坦克炮塔底座、耐腐蚀旋转齿轮、密封环、活塞环、密封垫片、电喷发动机转子叶轮等，可有效降低战车的质量，提高其机动性、可靠性、破损安全性以及乘坐舒适性。用 PPS 制成的自润滑轴承、滑动垫片等制品非常适合于武器及装甲战车在各种恶劣的自然条件下使用，提高装备的可靠性和战时出勤率。

玻纤增强 PPS 可用于电子电器工业上作连接器，绝缘隔板，端子，开关；也可用于机械产品，做泵、齿轮、活塞环储槽、叶片阀件；可用于钟表零部件，照相机部件；也可用于汽车工业上汽化器、分配器部件，电子电气组等零件，排气阀，传感器部件；还可用于家电部件有磁带录像机结构部件、晶体二极管、各种零件；另外还用于宇航、航空工业，PPS/PTFE 可做防黏、耐磨部件及传动件，如轴泵等。

2．聚砜

聚砜英文简称 PSF 或 PSU，有普通双酚 A 型 PSF（即通常所说的 PSF），聚芳砜和聚醚砜两种。

1）特性

PSF 是略带琥珀色非晶型透明或半透明聚合物，力学性能优异，刚性大、耐磨、高强度，即使在高温下也保持优良的机械性能是其突出的优点，其范围为 -100 ℃ ~175 ℃，长期使用温度为 160 ℃，短期使用温度为 190 ℃，热稳定性高，耐水解，尺寸稳定性好，成型收缩率小，无毒，耐辐射，耐燃，有自熄性。在宽广的温度和频率范围内有优良的电性能。化学稳定性好，除浓硝酸、浓硫酸、卤代烃外，能耐一般酸、碱、盐，在酮、酯中溶胀。耐紫外线和耐候性较差。耐疲劳强度差是主要缺点。PSF 成型前要预干燥至水分含量小于 0.05%。PSF 可进行注塑、模压、挤出、热成型、吹塑等成型加工，熔体黏度高，控制黏度是加工关键，加工后宜进行热处理，消除内应力。可做成精密尺寸制品。

2）用途

PSF 主要用于电子电气、食品和日用品、汽车用品、航空、医疗和一般工业等部门，制作各种接触器、接插件、变压器绝缘件、可控硅帽、绝缘套管、线圈骨架、接线柱、印刷电路板、轴套、罩、电视系统零件、电容器薄膜、电刷座、碱性蓄电池盒、电线电缆包覆等。PSF 还可做防护罩元件、电动齿轮、蓄电池盖、飞机内外部零配件、宇航器外部防护罩、照相器挡板、灯具部件、传感器、代替玻璃和不锈钢做蒸汽餐盘、咖啡盛器、微波烹调器、牛奶盛器、挤奶器部件、饮料和食品分配器、卫生及医疗器械方面有外科手术盘、喷雾器、加湿器、牙科器械、流量控制器、起槽器和实验室器械，还可用于镶牙，黏接强度高，还可做化工设备（泵外罩、塔外保护层、耐酸喷嘴、管道、阀门容器）、食品加工设备、奶制品加工设备、环保控制传染设备。

电气及电子工业中的应用，主要包括线圈骨架、接触器、二维及三维空间结构的印刷电路板、开关零件、灯架基座、电池及蓄电池外罩、电容器薄膜等。由于 PES 制品长期使用温度达 180 ℃，属 UL94V-0 级材料，具有高尺寸稳定性能、良好的电绝缘性能，因而使其成为电气工程结构材料的首选材料。

机械工业中的应用，主要选用玻璃纤维增强牌号，制件具有耐蠕变、坚硬、尺寸稳定等特性。适合制作轴承支架及机械件的外壳等。

航空领域的应用，已通过联邦航空规范条款 25·853 及客机技术标准条款 1000·001，用于飞机内部装饰件包括支架、门、窗等，以提高安全性。聚醚砜对雷达射线透过率极佳，雷达天线罩已用其代替过去的环氧制件。

厨房用具的应用，包括咖啡器、煮蛋器、微波器、热水泵等。

聚醚砜开发以共聚改性为主，其目的是提高其综合性能和加工性能，以满足市场的需求。卜内门公司开发出聚醚砜/聚砜的共聚物，其组分百分含量不同，树脂性能也有不同的同性能产品。该共聚物具有比聚砜更高的热变形温度，比聚醚砜更低的吸水性，具有更佳的流动加工性能，并可以用 GF 增强。

3. 聚芳砜

聚芳砜（PASF）又叫聚苯醚砜。英文简称 PAS。耐热性更好，在高温下仍保持优良机械性能。

1）加工成型

聚芳砜可采用注射、挤出或压缩成型技术加工成制品。但聚芳砜具有高的熔融黏度，所以对加工设备有特殊的要求，一般采用专用的加工设备以满足加工温度 400 ℃~425 ℃。压力要求为 140~210 MPa（20 300~30 450 psi），模具温度为 230 ℃~280 ℃。

2）应用领域

聚芳砜主要应用于电气、电子工业领域，多为军工产品的多插头的接触器、印刷电路板的基板及插座。这些制件要求具有良好的机械性能、热性能和耐化学性能。

在美国市场上，除 Astrel 牌号外，还有一种 Radel 型号的聚芳砜产品。

4. 聚醚砜

学名：聚醚砜、聚芳醚砜，英文简称 PES。

由于聚醚砜分子结构中不存在任何酯类结构的单元，聚醚砜具有出色的热性能和氧化稳定性。经 UL 安全测试机构确认聚醚砜连续使用温度为 180 ℃，并满足 UL94V-0 级阻燃要求（厚度为 0.51 mm）。聚醚砜耐应力开裂，不溶于极性溶剂如酮类和一些含卤碳氢化合物，耐水解，耐绝大多数酸、碱、脂类碳氢化合物、醇、油及脂类。可以通过对其分子量的控制或添加各种增强材料、各种纤维，以提高聚合物的性能。该树脂可使用于与食品接触的制件。

PES 的生产路线有两条，即双酚路线和单酚路线。这两条路线均为亲核高温置换反应、聚合反应过程中添加强碱、采用高沸点惰性溶剂。

1）加工成型

聚醚砜虽然是一种高温工程热塑树脂，但仍可以按常规热塑加工技术进行加工。可采用注射成型、挤出成型、吹塑成型、压缩成型或真空成型。高模温有助于成型和减小成型引起的应力。一般注射成型温度为 310 ℃~390 ℃，模温为 140 ℃~180 ℃。PES 是一种无定形树脂，模收缩率很小，可加工成对容限要求高及薄壁的制品。

2）应用领域

聚醚砜具有特有的设计性能，包括宽温度范围内（-100 ℃~200 ℃）高机械性能、高热变形温度及良好耐热老化性能。其长期使用温度达 180 ℃，制品耐候性好，阻燃及低烟密度性，良好电性能，透明等。因此 PES 制品大量应用于电气、电子、机械、医疗、食品及航空航天领域。

汽车制造工业中的应用，主要有照明灯的反光件，峰值温度达200℃，并且可制成铝合金反光器件。还有汽车的电器连接器、电子、电-机械控制元件、座架、窗、面罩、水泵及油泵等。

医疗卫生领域的应用。聚醚砜制件耐水解，耐消毒溶剂。制品包括钳、罩、手术室照明组件离心泵、外科手术器件的手柄、热水器、热水管、温度计等。

厨房用具的应用，包括咖啡器、煮蛋器、微波器、热水泵等。

照明及光学领域的应用，包括反光器、信号灯。聚醚砜制件有着色透明、对UV稳定、可长期在室外环境下使用等特性。

聚醚砜可通过溶剂技术制备成各种具有高机械强度的超滤膜、渗透膜、反渗透膜及中孔纤维。其制品用于节能、水处理等领域。

由于聚醚砜属于无定形树脂范畴，可以作为涂层材料应用于金属表面的涂覆。

5. 聚对苯甲酰胺

学名：聚对苯甲酰胺，英文简称PBA。

1）性能

纤维色泽呈淡黄色，芳纶-Ⅰ与Kevlar-49浸渍环氧树脂后耐热稳定性相近，未涂环氧树脂则芳纶-Ⅰ的热稳定性优于Kevlar-49。

芳纶-Ⅰ在280℃空气中恒温老化100 h，性能基本没有变化。

芳纶-Ⅰ在320℃的恒温热老化性能见表4-4-1所示。

表4-4-1 芳纶-Ⅰ在320℃的恒温热老化性能表

性能项目		测试方法	测试条件	测试数据	数据单位
物理性能	填充物含量			10	%
	比重	ASTM D792		1.22	g/cm^3
	吸水率	ASTM D570		1-2	%
机械性能	成型收缩率	ASTM D955	水平方向	0.5-0.7	%
	成型收缩率	ASTM D955	垂直方向	1.2-1.4	%
	拉伸强度	ASTM D638		100	MPa
	弯曲强度	ASTM D638		135	MPa
	缺口冲击强度	ASTM D256		75	J/m
	洛氏硬度	ASTM D785		95	M-scale
热性能	热变形温度	ASTM D648		245	℃
	阻燃性	UL 94	1.5mm	V-0	
电气性能	介电常数	ASTM D150		3.5	60 Hz
	表面电阻率	ASTM D257		1.0E+17	ohm

2）应用领域

聚对苯酰胺纤维是一种高强度、高模量、低密度的芳核酰胺纤维。其纤维密度（1.42～1.46 g/cm^3为玻璃纤维的60%，为碳纤维的80%，拉伸强度3.4～4.1GPa，拉伸模量82.7～137.9 GPa，压缩强度仅为拉伸强度的20%，显示出延展性，可以压缩和弯曲，能够吸收能量。它

广泛用于热塑性塑料和热固性塑料的增强,是尖端复合材料的高效增强剂。典型应用包括:

(1) 导弹、核武器、宇航等军用复合材料。可大幅度减轻自重,提高射程和载荷能力。

(2) 利用其超刚性、低密度性能,用其复合材料作雷达罩及天线骨架。

(3) 用其复合材料作飞机的地板材料、整流罩、机体门窗、内装饰等结构材料。

(4) 利用其高强度和低伸长率特性作光缆、电缆、海洋电缆等的增强骨架材料。

(5) 体育器材。成功地用以制作赛艇、桨、羽毛球拍等。

(6) 各种高温、耐磨的盘根、刹车片等。

(7) 橡胶制品。用以制作超高压管、齿型带、三角带等。

6. 聚对苯二甲酰对苯二胺

学名:聚对苯二甲酰对苯二胺,英文简称 PPTA。

1) 性能

色泽呈淡黄,拉伸强度 2.8GPa,伸长率 5.76%,弹性模量 51~64GPa,相对密度 1.44~1.47 g/cm³。聚对苯二甲酰对苯二胺具有超高强度、超高模量、耐高温和低密度等特性。

2) 应用领域

聚对苯二甲酰对苯二胺纤维可用作船舶和气球的系留绳、渔具和采集资源用的牵引绳、游艇帆布、滑翔回收飞船、防弹西装背心和赛马服等防护服的材料。还可用于复合材料的增强纤维,如用作轮胎帘布和皮带帘布等。此外,还可用于飞机、汽车、体育用品等。中国生产的聚对苯二甲酰对苯二胺纤维已成功地用于导弹、飞机、汽车、光缆加强件、赛艇、弓箭、羽毛球等体育器材。

3) 开发动向

高强度、高模量、低密度芳酰胺纤维,今后仍将继续向超高强度、超高模量、低密度的方向发展。就聚合体制备而言,连续挤出聚合是发展方向,但需要解决分子量控制问题。如何做得分子量分布均匀的聚合体仍是需要努力解决的问题。此外,降低原料成本,降低纤维价格,也是当务之急。只有降低价格,提高质量,才更具有竞争能力。

7. 聚酰亚胺

聚酰亚胺是分子结构含有酰亚胺基链节的芳杂环高分子化合物,英文简称 PI,可分为均苯型 PI,可溶性 PI,聚酰胺-酰亚胺(PAI)和聚醚酰亚胺(PEI)四类。

PI 是目前工程塑料中耐热性最好的品种之一,有的品种可长期承受 290 ℃ 高温,短时间承受 490 ℃ 的高温,也耐极低温,如在-269 ℃ 的液态氦中不会脆裂。另外机械性能、耐疲劳性能、难燃性、尺寸稳定性、电性能都好,成型收缩率小,耐油、一般酸和有机溶剂,不耐碱,有优良的耐摩擦、磨耗性能。并且 PI 无毒,可用来制造餐具和医用器具,并经得起数千次消毒。

PI 成型方法包括压缩模塑、浸渍、注塑、挤出、压铸、涂覆、流延、层合、发泡、传递模塑。

PI 在航空、汽车、电子电器、工业机械等方面均有应用,可作发动机供燃系统零件、喷气发动机元件、压缩机和发电动机零件、扣件、花键接头和电子联络器,还可做汽车发动机部件、轴承、活塞套、定时齿轮,电子工业上做印刷线路板、绝缘材料、耐热性电缆、接线柱、插座,机械工业上做耐高温自润滑轴承、压缩机叶片和活塞机、密封圈、设备隔热罩、止推垫圈、轴衬等。

聚醚酰亚胺（PEI）具有优良的机械性能、电绝缘性能、耐辐照性能、耐高低温和耐磨性能，有自熄性，熔融流动性好，成型收缩率仅为0.5%～0.7%。可用注射和挤出成型，后处理较容易，可用胶黏剂或各种焊接法与其他材料接合。PEI 在电子电器、航空、汽车、医疗器械等产业得到广泛应用。开发的趋势是引入对苯二胺结构或与其他特种工程塑料组成合金，以提高其耐热性；或与 PC、PA 等工程塑料组成合金以提高其机械强度等。

聚酰胺-酰亚胺（PAI）的强度是当前非增强塑料中最高的，本色料拉伸强度为190 MPa，弯曲强度为250 MPa。1.8 MPa 负荷下热变形温度达274 ℃。PAI 具有良好的耐烧蚀性能和高温、高频下的电磁性，对金属和其他材料有很好的黏接性能。主要用于齿轮、辊子、轴承和复印机分离爪等，还可作飞行器的烧蚀材料、透磁材料和结构材料。其发展方向是增强改性，以及同其他塑料合金化。

8. 聚均苯四甲酰亚胺

聚均苯四甲酰亚胺，英文简称 PMMI。

1）应用领域

聚均苯四甲酰亚胺薄膜可用于电动机、变压器线圈的绝缘层和绝缘槽衬。与氟树脂复合的薄膜，可用于航空电缆、扁平软性电缆和电导体的包封材料。与铜箔复合的复铜板，可用作挠性印刷电缆、单层板和多层板、计算机打印头上的软带、应变片上的接线柱等。

模塑料可用于液氨接触的阀门零件、喷气发动机供应燃料系统的零件。

聚酰亚胺黏合剂可用于火箭、喷气机翼的黏接以及金刚砂磨轮的黏接。

轻质耐燃弹性泡沫塑料可用于飞机坐垫。

纤维可作中空纤维，用于分离混合气体。

聚均苯四甲酰亚胺在1.8 MPa的负荷下热变形温度达360 ℃，电性能如介电常数和介电损耗角正切值等优于 PAI，强度则不如后者。PMMI 缩机活塞环、密封圈、鼓风机叶轮等，还可用于与液氨接触的阀门零件、喷气发动机燃料供应系统零件。

2）开发动向

聚均苯四甲酰亚胺薄膜占其用途的75%。今后不仅用作绝缘薄膜，而且功能膜尤其是气体分离膜将会有大的发展。复铜箔应用也越来越广泛，应用比例将逐渐增加。

膜塑料将进一步提高高温的强度、伸长率和冲击强度，以满足苛刻环境中的应用要求。

9. 聚酰胺-酰亚胺

聚酰胺-酰亚胺，英文简称 PAI。

苯三酸酐的酰氯与芳族二胺反应制备聚酰胺-酰亚胺是一种重要的方法，其工艺如下：

反应釜内加入定量的4,4′-二氨基联苯醚、二甲基乙酰胺、二甲苯，启动搅拌。待物料全部溶解后，再加入1,2,4-偏苯三甲酸酐氯。反应温度控制在25 ℃～35 ℃。当黏度达最大值时，用二甲基乙酰胺和二甲苯稀释。然后，用环氧乙烷中和反应产出盐酸，可得到可溶性的聚酰胺-酰胺酸预聚体。若将此预聚体在高温下脱水环化，即可制得不熔不溶的聚酰胺-酰亚胺。

1）性能

聚酰胺-酰亚胺的强度是当今世界上任何工业未增强塑料不可比拟的，其拉伸强度超过

172 MPa，在 1.8 MPa 负荷下热变形温度为 274 ℃。

Torlon 聚合物在制造后还可能进行固态聚合物，通过后固化增加分子量提供更优良的性能。后固化在 260 ℃ 下发生，固化所需的时间和温度主要取决于零件的厚度和形状。

它可在 220 ℃ 下长期使用，300 ℃ 下不失重，450 ℃ 左右开始分解。其黏接性、柔韧性及耐碱性更佳，可与环氧树脂互混交联固化，耐磨性良好。

2）加工成型

（1）模塑。

注射成型前应将料进行预干燥。干燥条件为 150 ℃、8 h。料筒温度上限为 360 ℃，模加工温度为 200 ℃。注射压力尽量大，关闭增压泵后降至保压 14~28 MPa，背压为 0.3 MPa。后固化时间，在 170 ℃~260 ℃ 条件下，约三天左右。

（2）薄膜。

聚酰胺-酰亚胺薄膜采用连续浸渍法制备。用 400 mm 宽、0.05 mm 厚的铝箔作连续载体。浸有预聚体溶液的铝箔进入立式烘炉，于 190 ℃ 下烘干，以除去溶剂。然后，于 200 ℃~210 ℃ 下处理 2~4 h，使预聚体膜脱水环化。待冷却后，将薄膜由铝箔上剥下即可。

（3）漆包线。

一般大规格的漆包圆线与漆包扁线均在立式漆包机上涂制，而细线则在卧式漆包机上涂制，均采用毛毡涂线法。炉温与浸渍速度随漆包线的规格不同而变化。如 1 mm 漆包线，炉温控制在 200 ℃~300 ℃，浸渍速度为 4~6 m/min。

3）应用领域

聚酰胺-酰亚胺具有优良的机械性能，本色料拉伸强度为 190 MPa。模制塑料主要用于齿轮、辊子、轴承和复印机分离爪等。它具有良好的耐烧蚀性能和高温、高频下的电磁性，可作飞行器的烧蚀材料、透磁材料和结构材料。它对金属和其他材料有很好的黏接性能，适用作漆包线漆、浸渍漆、薄膜、层压板材、涂层和黏合剂。例如：用它制作的漆包线已用于 H 级深水潜水电动机上；层压板用于印刷线路板和插座；薄膜作绝缘包扎材料。

4）开发动向

聚酰胺-酰亚胺与聚均苯四甲酰亚胺比较，有较低的软化点和热变形温度，有较高的吸水率、相对介电常数和介质损耗角正切性能。今后发展方向是增强改性，同其他塑料进行合金化，以改善其不利的性能，满足更多用途的需要。

10. 聚氨基双马来酰亚胺

聚氨基双马来酰亚胺，英文简称 PAMB。该聚合物在固化时不发生副产物气体，容易成型加工，制品无气孔。它是先进复合材料的理想母体树脂和层压材料用树脂（Kerimid）。后以这种树脂为基础，制备了压缩和传递模塑成型用材料（Kinel）。聚氨基双马来酰亚胺具有良好的综合平衡性能，其耐热温度高，在 350 ℃ 下也不发生分解，加上原料来源广泛，价格便宜，因此发展了许多品种。正在开发交联型材料，以丙烯型增韧剂改性提高机械强度，用双马来酰亚胺酸脱醇环化制备双马来酰亚胺单体，改善工艺，降低成本，加速聚氨基双马来酰亚胺的发展。我国对聚氨基双马来酰亚胺的研究开发，从 20 世纪 70 年代中期开始，目前仍处于试制开发阶段。

1) 理化性能

用这种聚合物制备的混料和层压制品，耐热性高，能在 200 ℃下长期使用，在 200 ℃老化一年仍保持过半的力学性能，的确是良好的 H 级绝缘材料。它的电性能良好，在宽温度范围内和各种频率下其介质损耗角正切没有变化。磨耗和摩擦系数小，摩擦系数为 0.1~0.25，磨耗量为 0.002~0.04 mm（低 PV 值情况）。它的耐化学药品性和辐射性能优良，可耐 108 戈瑞辐照，燃烧性能可达 UL94 V-0 级。

2) 加工成型

Kinel 成型材料大致可分成构造用共混料和滑动零件用共混料两类。前者掺混了不同长度的玻璃纤维；后者掺混了石墨或石墨和二硫化钼或聚四氟乙烯粉末。

构造用共混料的成型加工性和成型条件如下：

Kinel5504 含有长度为 6 mm 的玻璃纤维，其体积因素高达 8.3（密度 0.25 g/cm³），通过压缩成型可以得到力学性能优良的成型品。造粒条件为 120 ℃~130 ℃和 20~40 MPa，成型条件是加工温度 230 ℃~250 ℃，压力 10~30 MPa，固化时间 1 mm 厚/2 min，成型时预热温度为 200 ℃左右，成型品放在干燥炉中于 250 ℃后固化 24 h。

为了改善其脱模性，可用硅油或聚四氟乙烯气溶胶仔细涂布模子，模型表面要求镀铬。

Kinel5514 所含玻璃纤维量稍低，且玻纤长度为 3 mm，体积因素为 4.7（密度 0.25 g/cm³），可压缩成型制小型精密零件。成型条件同 Kinel5504 一样。

Kinel5515 流动性好，固化速度快，用来传递成型加工制品。造粒和预热条件和前述品种一样。传递模塑的成型温度、固化时间和注入压力分别为 200 ℃，1 mm 厚/1 min，30~60 MPa。后固化条件以 200 ℃，24 h 为适宜。

滑动零件用共混料的成型条件，虽因品种而异，但大体相同。

Kinel5505、Kinel5508，前者含 25% 粉状石墨，后者含 40% 粉状石墨均系压缩成型材料。体积因素分别为 4.0（密度 0.36 g/cm³）和 4.6（密度 0.34 g/cm³）。造粒和预热条件和其他品种相同，但在造粒时可利用冷压缩或造粒机，造粒压力为 10~40 MPa。成型温度、成型压力和固化时间分别为 220 ℃~260 ℃，10~30 MPa，1 mm 厚/2~4 min，后固化条件是 250 ℃，24 h。

Kinel5518 是含聚四氟乙烯粉末的微粉状压缩成型用材料，可用于泡沫薄片。成型条件和加石墨的品种相同。唯后固化温度采用 200 ℃为好。

Kinel5517 是含石墨和二硫化钼的品种，可用于减摩擦零件。可进行压缩成型和烧结成型。体积因素为 5.0（密度 0.3 g/cm³）。压缩成型条件和其他滑动零件用材料相同。

在烧结成型时，首先将粉末成型材料加入冷模具内，以 100~200 MPa 的压力进行高压成型。打开模具取出成型物移入加热炉中，以程序控制于 180 ℃~250 ℃加热制品（例如 180 ℃~185 ℃时 30 min，185 ℃~200 ℃时 1 h，200 ℃时 4 h，200 ℃~250 ℃时 1 h，250 ℃时 4 h，共约 11 h）。将成型品冷却到室温，从炉中取出成型品。没有必要进行后固化。

3) 应用领域

聚氨基双马来酰亚胺（PAMB）的力学性能、耐热性、电绝缘性、耐辐照特性和热碱水溶液性良好，作为构造材料适用于电动机、航空机、汽车零件和耐辐照材料等。滑动零件用

Kinel 材料的主要用途是止推轴承、轴颈轴承、活塞环、止推垫圈、导向器、套管和阀片等。

在汽车领域，可用于发动机零件、齿轮箱、车轮、发动机部件、悬架、轴衬、轴杆、液力循环路线和电器零件等。

在电器领域，可用于电子计算机印刷基板、耐热仪表板、二极管、半导体开关元件外壳、底板和接插件等。

在航空航天领域，可用于喷气发动机的管套、导弹壳体等。

在机械领域，可用以制作齿轮、轴承、轴承保持架、插口、推进器、压缩环和垫片等。

在其他领域，可用以制作原子能机器零件、砂轮黏合剂等。

11. 聚醚酰亚胺

英文简称 PEI。

1）理化性能

聚醚酰亚胺具有优良的机械性能、电绝缘性能、耐辐照性能、耐高低温及耐磨性能，并可透过微波。加入玻璃纤维、碳纤维或其他填料可达到增强改性的目的。也可和其他工程塑料组成耐热高分子合金，可在-160 ℃~180 ℃使用。

聚醚酰亚胺可用注塑和挤出成型，且易后处理和用胶黏剂与各种焊接法同其他材料接合。由于熔融流动性好，通过注塑成型可以制取形状复杂的零件。加工前须在150 ℃充分干燥4 h，注塑温度为337 ℃~427 ℃，模具温度为65 ℃~117 ℃。

2）应用领域

聚醚酰亚胺具有优良的综合平衡性能，卓有成效地应用于电子、电气和航空等工业部门，并用作传统产品和文化生活用品的金属代用材料。

在电子、电气工业部门，聚醚酰亚胺材料制造的零部件获得了广泛的应用，包括强度高和尺寸稳定的连接件、普通和微型继电器外壳、电路板、线圈、软性电路、反射镜、高精度密光纤元件。特别引人注目的是，用它取代金属制造光纤连接器，可使元件结构最佳化，简化其制造和装配步骤，保持更精确的尺寸，从而保证最终产品的成本降低约40%。

耐冲击性板材 Ultem1613 用于制飞机的各种零部件，如舷窗、机头部件、座件靠背、内壁板、门覆盖层以及供乘客使用的各种物件。PEI 和碳纤维组成的复合材料已用于最新直升机各种部件的结构。

利用其优良的机械特性、耐热特性和耐化学药品特性，PEI 被用于汽车领域，如用以制造高温连接件、高功率车灯和指示灯、控制汽车舱室外部温度的传感器（空调温度传感器）和控制空气和燃料混合物温度的传感器（有效燃烧温度传感器）。此外，PEI 还可用作耐高温润滑油侵蚀的真空泵叶轮、在180 ℃操作的蒸馏器的磨口玻璃接头（承接口）、非照明的防雾灯的反射镜。

聚醚酰亚胺泡沫塑料，用作运输机械飞机等的绝热和隔音材料。

PEI 耐水解性优良，因此用作医疗外科手术器械的手柄、托盘、夹具、假肢、医用灯反射镜和牙科用具。

在食品工业中，用作产品包装和微波炉的托盘。

PEI 兼具优良的高温机械性能和耐磨性，故可用于制造输水管转向阀的阀件。由于具有很高的强度、柔韧性和耐热性，PEI 是优良的涂层和成膜材料，能形成适用于电子工业的涂层和薄膜，并可用于制造孔径< 0.1μm、具有高渗透性的微孔隔膜。还可用作耐高温胶黏剂和高强度纤维等。

12. 聚醚醚酮

聚醚醚酮，英文简称 PEEK。

聚醚醚酮（PEEK）树脂是一种结晶性、超耐热型热塑性聚合物。具有耐高温、耐化学药品腐蚀等物理化学性能，可用作耐高温结构材料和电绝缘材料。通过改性，PEEK 可以获得更高的物理性能。例如，可与聚四氟乙烯（PTFE）、聚醚砜（PESU）等共混以满足不同的使用要求。

以 PEEK 为基体的先进热塑性复合材料已成为航空航天领域最具实用价值的复合材料之一。碳纤维/聚醚醚酮复合材料已成功应用到 F117A 飞机全自动尾翼、C-130 飞机机身腹部壁板、阵风飞机机身蒙皮及 V-22 飞机前起落架等产品的制造。特殊碳纤维增强的 PEEK 吸波复合材料具有极好的吸波性能，能使频率为 0.1MHZ~50GHZ 的脉冲大幅度衰减，型号为 APC 的此类复合材料已经应用于先进战机的机身和机翼。另外，ICI 公司开发的 APC-2 型 PEEK 复合材料是 CelionG40-700 碳纤维与 PEEK 复丝混杂纱单向增强复合材料，特别适合制造直升机旋翼和导弹壳体。C. L. Ong 等研制了 PEEK/石墨纤维复合材料，并将其固化成战斗机头部的着陆装置，具有较短的制造周期及优良的耐环境适应性等特点。由于其具有优异的阻燃性，也常用于制备飞机内部零件，降低飞机发生火灾的危害程度。

利用 PEEK 具有阻燃、包覆加工性好（可熔融挤出，而不用溶剂）、耐剥离性好、耐磨耗性好及耐辐照性强等特点，已经用作电缆、电线的绝缘或保护层，广泛应用于原子能、飞机、船舶等领域。PEEK 还可以用于制造原子能发电站用接插件和阀门零件，火箭用电池槽以及火箭发动机的零部件等。用吹塑成型法还可做成核废料的容器。

❖ 任务练习

1. 填空题

（1）工程塑料是_____和_____的总称。

（2）通用工程塑料通常是指已大规模产业化生产的、应用范围较广的 5 种塑料，即_____、_____、_____、_____及_____。

（3）特种工程塑料则是指综合性能较高，长期使用温度在_____℃以上、性能更加优异独特的一类工程塑料。

（4）_____塑料，又叫"尼龙"。

（5）_____塑料，是由甲醛聚合所得。

（6）_____塑料有着优异的化学和物理性能，可以和钢铁媲美，而质量又轻于钢，被称之为"赛钢"。

2. 判断题

（1）聚芳砜可采用注射、挤出或压缩成型技术加工成制品。　　　　　　　　　（　　）

(2) PC 有很好的机械特性，但流动特性较好，因此这种材料注塑较容易。（ ）

(3) PPS 比重小、强度高、耐腐蚀，可用其取代金属材料，制成军事装备所需的结构部件。（ ）

(4) PC 塑料可用于光学照明，还可广泛用于飞机上的透明材料。（ ）

3. 简答题

(1) 什么叫工程塑料，工程塑料主要有哪些特点？

(2) 请写出下列工程塑料的英文缩写：聚酰胺，聚碳酸酯，聚甲醛，聚对苯二甲酸丁二醇酯，聚苯醚，聚醚醚酮，聚酰亚胺，聚苯硫醚，聚砜，液晶聚合物，聚醚砜。

(3) PA 塑料有哪些用途？

❖ 任务拓展

阅读材料——工程塑料的发展简史及应用

一、发展简史

工程塑料是在 20 世纪 50 年代才得到迅速发展的。尼龙 66 树脂虽然早在 1939 年就已研制成功并投入生产，但当时它主要用于制造合成纤维，直到 50 年代才突破纯纤维传统用途，经过成型加工制造塑料。工程塑料真正得到迅速发展，是在 50 年代后期聚甲醛和聚碳酸酯开发成功之后，它们的出现具有特别重大的意义。由于聚甲醛的高结晶性，赋予其优异的机械性能，从而首次使塑料作为能替代金属的材料而跻身于结构材料的行列。以后随着共聚甲醛的开发成功以及螺杆式注射成型机的普及，进一步确立工程塑料在材料领域中的重要地位。而聚碳酸酯则是具有优良综合性能的透明工程塑料，应用广泛，是发展最快的工程塑料之一，在工程塑料领域，其产量和消费量仅次于聚酰胺而居第二位。

20 世纪 80 年代中期开发成功热致液晶聚合物是特种工程塑料发展史上又一重大事件。液晶聚合物耐热性优异，使用温度可达 200 ℃以上，具有自增强、高强度、高模量、耐化学药品等特性，熔体黏度低，成型方便，在电子工业领域具有非常广阔的应用前景。

二、工程塑料的应用

和通用塑料相比，工程塑料在机械性能、耐久性、耐腐蚀性、耐热性等方面能达到更高的要求，而且加工更方便并可替代金属材料。工程塑料被广泛应用于电子电气、汽车、建筑、办公设备、机械、航空航天等行业，以塑代钢、以塑代木已成为国际流行趋势。工程塑料已成为当今世界塑料工业中增长速度最快的领域，其发展不仅对国家支柱产业和现代高新技术产业起着支承作用，同时也推动传统产业改造和产品结构的调整。

工程塑料在汽车上的应用日益增多，主要用作保险杠、燃油箱、仪表板、车身板、车门、车灯罩、燃油管、散热器以及发动机相关零部件等。

在机械上，工程塑料可用于轴承、齿轮、丝杠螺母、密封件等机械零件和壳体、盖板、手轮、手柄、紧固件及管接头等机械结构件上。

在电子电器上，工程塑料可用于电线电缆包覆、印刷线路板、绝缘薄膜等绝缘材料和电器设备结构件上。

在家用电器上，工程塑料可用于电冰箱、洗衣机、空调、电视机、电风扇、吸尘器、电熨斗、微波炉、电饭煲、收音机、组合音响设备与照明器具上。

在化工上，工程塑料可用于热交换器、化工设备衬里等化工设备上和管材及管配件、阀门、泵等化工管路中。

由于我国汽车、电子和建筑等行业发展迅速，当前，我国已成为全球工程塑料需求增长最快的国家。据分析，随着国内经济的不断发展，工程塑料的需求将会进一步得到增长，我国工程塑料行业发展前景十分广阔。以家电行业来说，仅以冰箱、冷柜、洗衣机、空调及各类小家电产品每年的工程塑料需求量将达60万吨左右。而用于通信基础设施建设以及铁路、公路建设等方面的工程塑料用量则更为惊人，预计今后数年内总需求量将达到450万吨以上。

近年来随着下游需求的不断增长，我国工程塑料消费量逐年上升。2018年我国工程塑料消费量达到374.9万吨，同比增长12%，成为全球最大的工程塑料消费国，同时进口量达到229.3万吨。目前我国工程塑料产品都实现了国产化，建设了一定的开工项目，但是由于产能及产品质量的限制，我国工程塑料产品仍需要大量进口，尤其是在高端工程塑料领域对外依存度较高。2018年我国工程塑料进口量达到229.3万吨，进口量占据国内市场的61.1%，我国也成为全球最大的工程塑料进口国。

三、工程塑料的发展前景

据研究报告称，2013年，全球工程塑料市值约为535.8亿美元，到2018年达到790.3亿美元，复合年增长率为8%。

工程塑料因其优异的稳定性、良好的耐热和耐化学性以及高强度，应用领域广泛，其需求持续快速增长。工程塑料的主要用途之一是替代金属在各种终端行业中的应用。特别是日益严格的环保法规要求汽车减少排放量和提高燃油经济性，工程塑料正大量应用于汽车和运输行业。此外，工程塑料还广泛应用于消费及家电产品、电气及电子产品、工业机械、包装，以及医疗、建筑等行业。

2014年，亚太地区占据了全球工程塑料市场主体，据统计2013年亚太地区占全球工程塑料市场需求的47.9%市场份额。2018年亚太地区继续保持世界最大工程塑料市场的地位，其次为西欧市场，最近几年，其工程塑料市场需求年均增速约为7.8%。

附表1 2016年江苏省职业学校技能大赛样题——装配钳工图纸

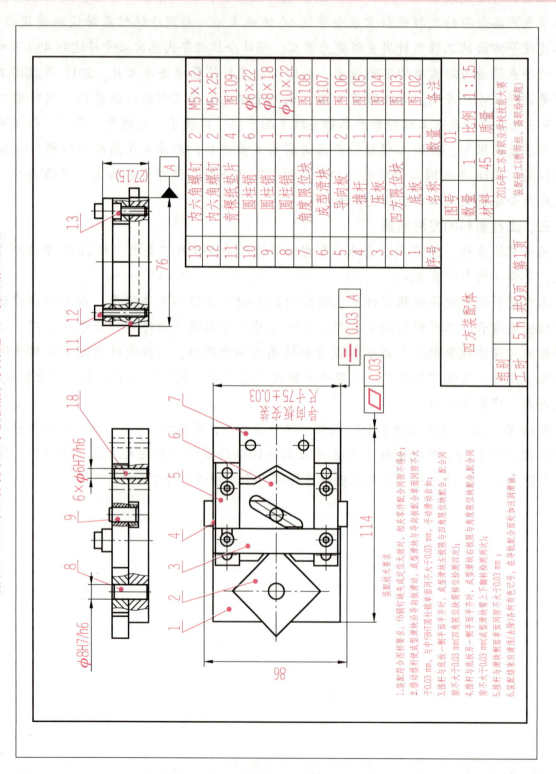

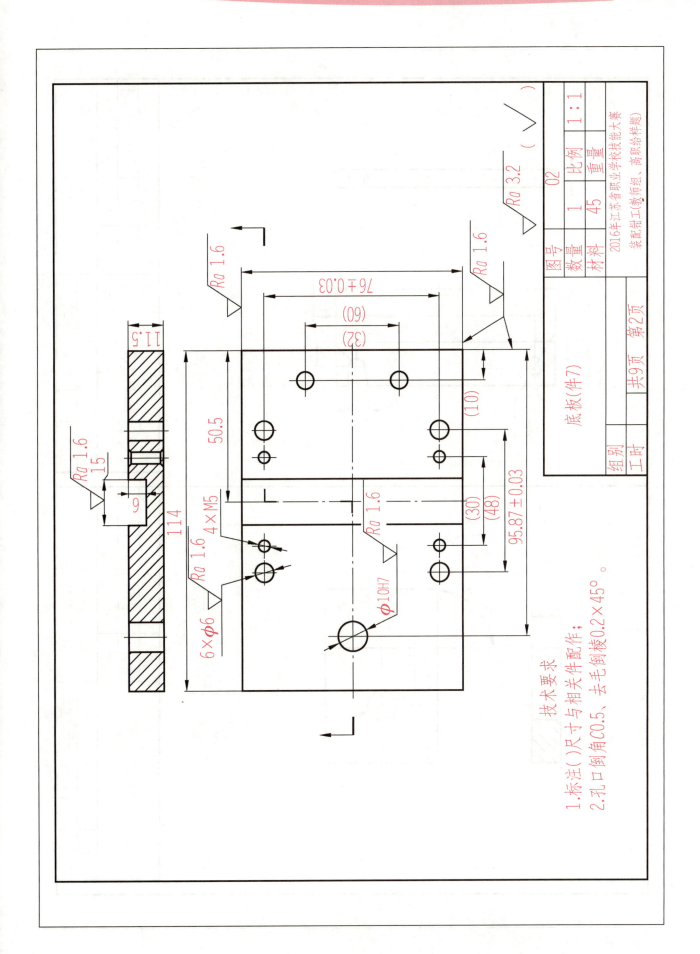

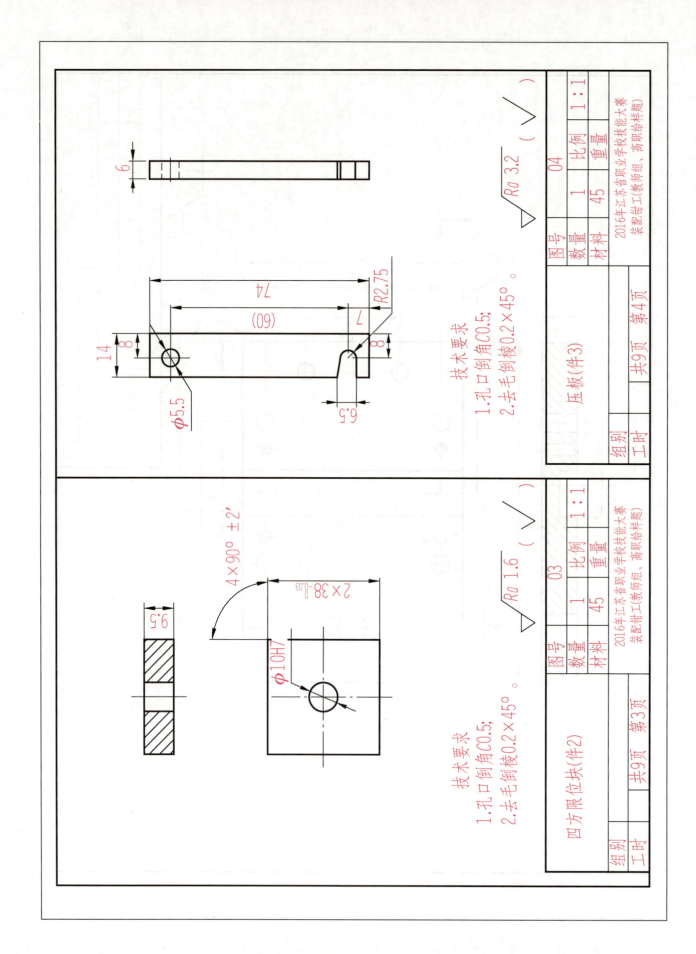

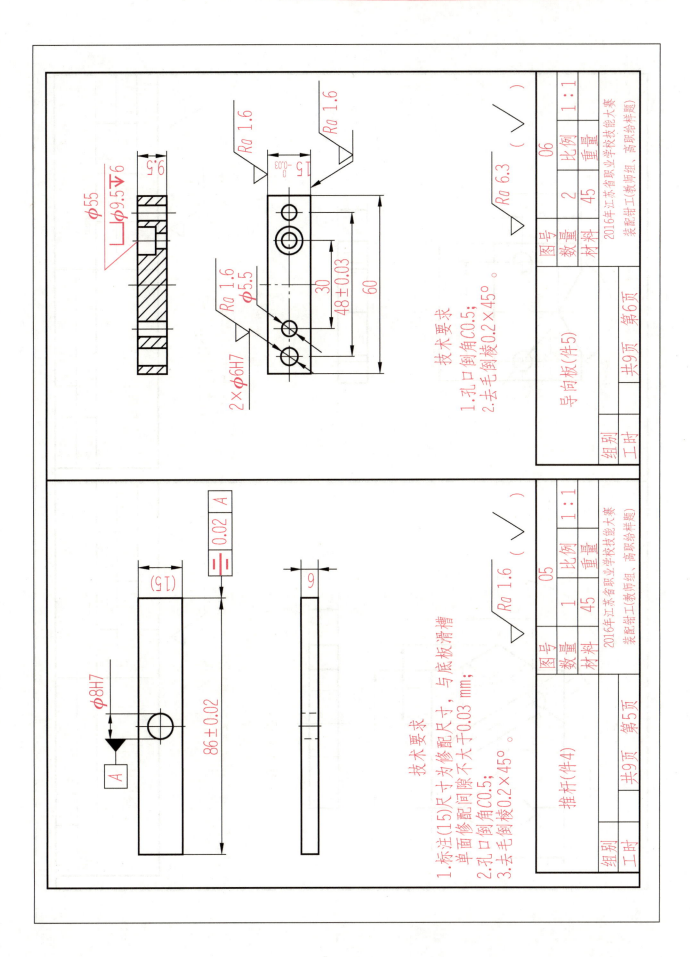

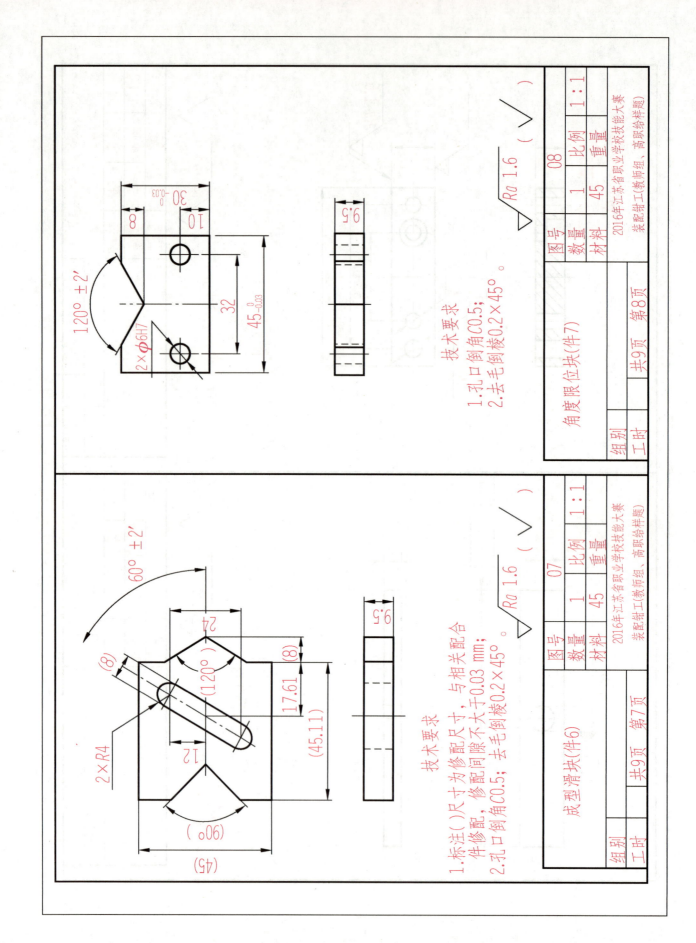

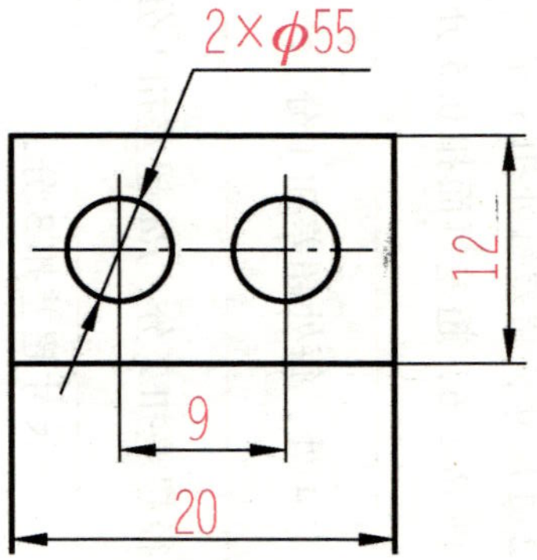

2×φ55

12

9

20

技术要求
1. 厚度为0.15 mm。

图号	09	比例	2:1
数量	4	重量	
材料	青稞纸		
2016年江苏省职业学校技能大赛 装配钳工(教师组、高职给样题)			

青稞纸垫片(件11)

| 组别 | | 共9页 | 第9页 |
| 工时 | | | |

附表 2　2016 年江苏省职业学校技能大赛装配钳工项目评分记录表

试题名称：装配体（样题）　　　　　　　　考件编号：_____　　总分：_____

项目	序号	技术要求		配分	评分标准		实测结果	扣分	得分
装配 40 分	1	技术要求 1		2	装配不符合图样要求全扣				
	2	技术要求 2		6	2 处单面间隙，超差一处扣 3 分	ϕ6 定位销缺失或定位无效，相关配合不得分			
	3	技术要求 3		12	8 处间隙，超差一处扣 1.5 分				
	4	技术要求 4		8	8 处间隙，超差一处扣 1 分				
	5	技术要求 5		3	单面间隙，超差全扣				
	6	导向板安装间距 75±0.03		3	超差全扣				
	7	= | 0.03 | A		3	超差全扣				
	8	平面度 0.03		3	超差全扣				
零件 60 分	9	底板（件1）9 分	76±0.03 \ Ra1.6	3	尺寸超差扣 2 分，2 面 Ra1.6，超差每面扣 0.5 分				
	10		孔距 95.87±0.03	3	超差全扣				
	11		ϕ10 H7 \ Ra 1.6	3	孔径超差扣 2 分，Ra1.6 超差扣 1 分				
	12	四方限位块（件2）15 分	ϕ10 H7 \ Ra 1.6	3	孔径超差扣 2 分，Ra1.6 超差扣 1 分				
	13		$2 \times 38_{-0.03}^{0}$ \ Ra 1.6	8	2 处尺寸，超差每处扣 3 分，4 面 Ra1.6，超差每面扣 0.5 分				
	14		4×90°±2′	4	4 处，每处超差扣 1 分				
	15	推杆（件4）10 分	ϕ8H7 \ Ra 1.6	3	孔径超差扣 2 分，Ra 超差扣 1 分				
	16		86±0.02 \ Ra1.6	4	尺寸超差扣 3 分，2 面 Ra1.6，超差每面扣 0.5 分				
	17		对称度 0.02	3	超差全扣				

续表

项目	序号	技术要求		配分	评分标准	实测结果	扣分	得分
零件 60 分	18	导向板（件5）12 分	$15_{-0.03}^{0}$ \ Ra 1.6	6	2 件共 2 处尺寸，每处超差扣 2 分，2 件共 4 面 $Ra1.6$，超差每面扣 0.5 分			
	19		$\phi 6H7$	2	4 处孔径，每处超差扣 0.5 分，			
	20		孔距 48 ± 0.03	4	2 处，孔距超差每处扣 2 分			
	21	成型滑块 8 分	$60°\pm2'$	6	检测滑槽内侧平面 2 处，每处超差扣 3 分			
	22		锉削面 $Ra1.6$	2	超差每处扣 0.5 分，扣完为止，不倒扣			
	23	角度限位块 6 分	$120°\pm2'$	2	超差全扣			
	24		$30_{-0.03}^{0}$ \ $Ra1.6$	3	尺寸超差扣 2 分，2 面 $Ra1.6$，超差每面扣 0.5 分			
	25		$\phi 6H7$	1	2 处孔径，每处超差扣 0.5 分			
职业素养		零件不符合图纸、螺钉、压板缺失等缺陷扣总分 1~5 分						
		安全与操作规范现场考核，一般违规扣 1~5 分，严重直接取消参赛资格						

附表3　普通螺纹直径与螺距、基本尺寸（摘自GB/T 193—2003和GB/T 196—2003）

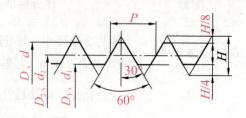

标记示例：

公称直径20 mm，螺距2.5 mm，右旋粗牙普通螺纹，其标记为：M20

公称直径20 mm，螺距1.5 mm，左旋细牙普通螺纹，公差带代号7H，其标记为：M20×P1.5-7H-LH

单位：mm

公称直径 D、d		螺距 P		粗牙小径 D_1、d_1	公称直径 D、d		螺距 P		粗牙小径 D_1、d_1
第一系列	第二系列	粗牙	细牙		第一系列	第二系列	粗牙	细牙	
3		0.5	0.35	2.459	16		2	1.5, 1	13.835
4		0.7	0.5	3.242		18	2.5	2, 1.5, 1	15.294
5		0.8		4.134	20				17.294
6		1	0.75	4.917		22			19.294
8		1.25	1, 0.75	6.647	24		3	2, 1.5, 1	20.752
10		1.5	1.25, 1, 0.75	8.376		30	3.5	(3), 2, 1.5, 1	26.211
12		1.75	1.25, 1	10.106	36		4	3, 2, 1.5	31.670
	14	2	1.5, 1.25*, 1	11.835		39			34.670

注：1. 应优先选用第一系列，其次是第二系列。

2. 括号内尺寸尽可能不用。

3. 带*号仅用于火花塞

附表 4 梯形螺纹直径与螺距系列、基本尺寸

（摘自 GB/T 5796.2—2005、GB/T 5796.3—2005、GB/T 57969.4—2005）

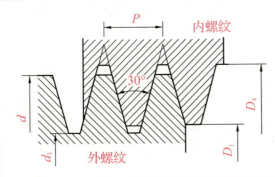

标记示例：

公称直径 28 mm、螺距 5 mm、中径公差带号为 7H 的单线右旋梯形螺纹，其标记为：Tr28×P5-7H

公称直径 28 mm、导程 10 mm、螺距 5 mm，中径公差带号为 8e 的双线右旋梯形外螺纹，其标记为：Tr28×P_h10（P5）-8e-LH

公称直径 d		螺距 P	大径 D_4	小径		公称直径 d		螺距 P	大径 D_4	小径	
第一系列	第二系列			d_3	D_1	第一系列	第二系列			d_3	D_1
12		2	12.5	9.50	10.00	28		3	28.50	24.50	25.00
		3		8.50	9.00			5		22.50	23.00
	14	2	14.50	11.50	12.00			8	29.00	19.00	20.00
		3		10.50	11.00			3	30.50	26.50	27.00
16		2	16.50	13.50	14.00	30		6	31.00	23.00	24.00
		4		11.50	12.00			10		19.00	20.00
	18	2	18.50	15.50	16.00			3	32.50	28.50	29.00
		4		13.50	14.00	32		6	33.00	25.50	26.00
20		2	20.50	17.50	18.00			10		21.00	22.00
		4		15.50	16.00			3	34.50	30.50	31.00
	22	3	22.5	18.50	19.00		34	6	35.00	27.00	28.00
		5		16.50	17.00			10		23.00	24.00
		8	23.00	13.00	14.00			3	36.50	32.50	33.00
24		3	24.50	20.50	21.00	36		6	37.00	29.00	30.00
		5		18.50	19.00			10		25.00	26.00
		8	25.00	15.00	16.00			3	38.50	34.50	35.00
	26	3	26.50	22.50	23.00		38	7	39.00	30.00	31.00
		5		20.50	21.00			10		27.00	28.00
		8	27.00	17.00	18.00						

注：1. 应优先选用第一系列，其次是第二系列。

2. 螺纹公差带代号：外螺纹有 9c、8c、8e、7e；内螺纹有 9H、8H、7H。

附表5　管螺纹尺寸代号及基本尺寸（摘自 GB/T 7307—2001　55°非密封管螺纹）

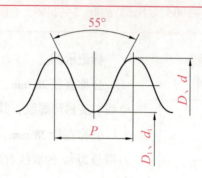

标记示例：

尺寸代号为3/8 的 A 级右旋外螺纹的标记为：G3/8A

尺寸代号为3/8 的 B 级左旋外螺纹的标记为：G3/8B-LH

尺寸代号为1/2 的右旋内螺纹的标记为：G1/2

单位：mm

尺寸代号	每25.4 mm 内的牙数 n	螺距 P	大径 D、d	小径 D_1、d_1	基准距离
$\frac{1}{4}$	19	1.337	13.157	11.445	6
$\frac{3}{8}$	19	1.337	16.662	14.950	6.4
$\frac{1}{2}$	14	1.814	20.955	18.631	8.2
$\frac{3}{4}$	14	1.814	26.441	24.117	9.5
1	11	2.039	33.249	30.291	10.4
$1\frac{1}{4}$	11	2.039	41.910	38.952	12.7
$1\frac{1}{2}$	11	2.039	47.803	44.845	12.7
2	11	2.039	59.614	56.656	15.9

附表6 滚动轴承

深沟球轴承（摘自 GB/T 276—2013）　　圆锥滚子轴承（摘自 GB/T 297—2015）　　推力球轴承（摘自 GB/T 301—2015）

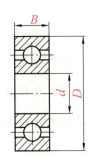
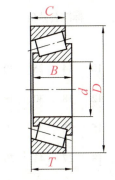
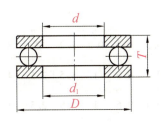

标记示例：

滚动轴承　6210 GB/T 276—2013　　　　滚动轴承　30310 GB/T 297—2015　　　　滚动轴承　51210 GB/T 301—2015

轴承型号	尺寸/mm			轴承型号	尺寸/mm					轴承型号	尺寸/mm			
	d	D	B		d	D	B	C	T		d	D	T	d_1
尺寸系列〔（0）2〕				尺寸系列〔02〕						尺寸系列〔12〕				
6202	15	35	11	30203	17	40	12	11	13.25	51202	15	32	12	17
6203	17	40	12	30204	20	47	14	12	15.25	51203	17	35	12	19
6204	20	47	14	30205	25	52	15	13	16.25	51204	20	40	14	22
6205	25	52	15	30206	30	62	16	14	17.25	51205	25	47	15	27
6206	30	62	16	30207	35	72	17	15	18.25	51206	30	52	16	32
6207	35	72	17	30208	40	80	18	16	19.75	51207	35	62	18	37
6208	40	80	18	30209	45	85	19	16	20.75	51208	40	68	19	42
6209	45	85	19	30210	50	90	20	17	21.75	51209	45	73	20	47
6210	50	90	20	30211	55	100	21	18	22.75	51210	50	78	22	52
6211	55	100	21	30212	60	110	22	19	23.75	51211	55	90	25	57
6212	60	110	22	30213	65	120	20	23	24.75	51212	60	95	26	62
尺寸系列〔（0）3〕				尺寸系列〔03〕						尺寸系列〔13〕				
6302	15	42	13	30302	15	42	13	11	14.25	51304	20	47	18	22
6303	17	47	14	30303	17	47	14	12	15.25	51305	25	52	18	27
6304	20	52	15	30304	20	52	15	13	16.25	51306	30	60	21	32
6305	25	62	17	30305	25	62	17	15	18.25	51307	35	68	24	37
6306	30	72	19	30306	30	72	19	16	20.75	51308	40	78	26	42
6307	35	80	21	30307	35	80	21	18	22.75	51309	45	85	28	47
6308	40	90	23	30308	40	90	23	20	25.25	51310	50	95	31	52
6309	45	100	25	30309	45	100	25	22	27.25	51311	55	105	35	57
6310	50	110	27	30310	50	110	27	23	29.25	51312	60	110	35	62
6311	55	120	29	30311	55	120	29	25	31.50	51313	65	115	36	67
6312	60	130	31	30312	60	130	31	26	33.50	51314	70	125	40	72

注：圆括号中的尺寸系列代中在轴承代号中省略

附表7　标准公差数值（GB/T 1800.2—2020）摘编

公称尺寸 mm		标准公差等级																	
大于	至	IT01	IT0	IT1	IT2	IT3	IT4	IT5	IT6	IT7	IT8	IT9	IT10	IT11	IT12	IT13	IT14	IT15	IT16	IT17	IT18
		标准公差值																	
		μm												mm						
—	3	0.3	0.5	0.8	1.2	2	3	4	6	10	14	25	40	60	0.1	0.14	0.25	0.4	0.6	1	1.4
3	6	0.4	0.6	1	1.5	2.5	4	5	8	12	18	30	48	75	0.12	0.18	0.3	0.48	0.75	1.2	1.8
6	10	0.4	0.6	1	1.5	2.5	4	6	9	15	22	36	58	90	0.15	0.22	0.36	0.58	0.9	1.5	2.2
10	18	0.5	0.8	1.2	2	3	5	8	11	18	27	43	70	110	0.18	0.27	0.43	0.7	1.1	1.8	2.7
18	30	0.6	1	1.5	2.5	4	6	9	13	21	33	52	84	130	0.21	0.33	0.52	0.84	1.3	2.1	3.3
30	50	0.6	1	1.5	2.5	4	7	11	16	25	39	62	100	160	0.25	0.39	0.62	1	1.6	2.5	3.9
50	80	0.8	1.2	2	3	5	8	13	19	30	46	74	120	190	0.3	0.46	0.74	1.2	1.9	3	4.6
80	120	1	1.5	2.5	4	6	10	15	22	35	54	87	140	220	0.35	0.54	0.87	1.4	2.2	3.5	5.4
120	180	1.2	2	3.5	5	8	12	18	25	40	63	100	160	250	0.4	0.63	1	1.6	2.5	4	6.3
180	250	2	3	4.5	7	10	14	20	29	46	72	115	185	290	0.46	0.72	1.15	1.85	2.9	4.6	7.2
250	315	2.5	4	6	8	12	16	23	32	52	81	130	210	320	0.52	0.81	1.3	2.1	3.2	5.2	8.1
315	400	3	5	7	9	13	18	25	36	57	89	140	230	360	0.57	0.89	1.4	2.3	3.6	5.7	8.9
400	500	4	6	8	10	15	20	27	40	63	97	155	250	400	0.63	0.97	1.55	2.5	4	6.3	9.7
500	630			9	11	16	22	32	44	70	110	175	280	440	0.7	1.1	1.75	2.8	4.4	7	11
630	800			10	13	18	25	36	50	80	125	200	320	500	0.8	1.25	2	3.2	5	8	12.5
800	1000			11	15	21	28	40	56	90	140	230	360	560	0.9	1.4	2.3	3.6	5.6	9	14
1000	1250			13	18	24	33	47	66	105	165	260	420	660	1.05	1.65	2.6	4.2	6.6	10.5	16.5
1250	1600			15	21	29	39	55	78	125	195	310	500	780	1.25	1.95	3.1	5	7.8	12.5	19.5
1600	2000			18	25	35	46	65	92	150	230	370	600	920	1.5	2.3	3.7	6	9.2	15	23
2000	2500			22	30	41	55	78	110	175	280	440	700	1100	1.75	2.8	4.4	7	11	17.5	28
2500	3150			26	36	50	68	96	135	210	330	540	860	1350	2.1	3.3	5.4	8.6	13.5	21	33

附表 8　孔的极限偏差（基本偏差 H）（摘自 GB/T 1800.2—2020）

上极限偏差 = ES
下极限偏差 = EI

公称尺寸 mm		H																
		1	2	3	4	5	6	7	8	9	10	11	12	13	14[a]	15[a]	16[a]	17[a]	18[a]
大于	至	偏差																	
		μm											mm						
—	3[a]	+0.8 0	+1.2 0	+2 0	+3 0	+4 0	+6 0	+10 0	+14 0	+25 0	+40 0	+60 0	+0.1 0	+0.14 0	+0.25 0	+0.4 0	+0.6 0		
3	6	+1 0	+1.5 0	+2.5 0	+4 0	+5 0	+8 0	+12 0	+18 0	+30 0	+48 0	+75 0	+0.12 0	+0.18 0	+0.3 0	+0.48 0	+0.75 0	+1.2 0	+1.8 0
6	10	+1 0	+1.5 0	+2.5 0	+4 0	+6 0	+9 0	+15 0	+22 0	+36 0	+58 0	+90 0	+0.15 0	+0.22 0	+0.36 0	+0.58 0	+0.9 0	+1.5 0	+2.2 0
10	18	+1.2 0	+2 0	+3 0	+5 0	+8 0	+11 0	+18 0	+27 0	+43 0	+70 0	+110 0	+0.18 0	+0.27 0	+0.43 0	+0.7 0	+1.1 0	+1.8 0	+2.7 0
18	30	+1.5 0	+2.5 0	+4 0	+6 0	+9 0	+13 0	+21 0	+33 0	+52 0	+84 0	+130 0	+0.21 0	+0.33 0	+0.52 0	+0.84 0	+1.3 0	+2.1 0	+3.3 0
30	50	+1.5 0	+2.5 0	+4 0	+7 0	+11 0	+16 0	+25 0	+39 0	+62 0	+100 0	+160 0	+0.25 0	+0.39 0	+0.62 0	+1 0	+1.6 0	+2.5 0	+3.9 0
50	80	+2 0	+3 0	+5 0	+8 0	+13 0	+19 0	+30 0	+46 0	+74 0	+120 0	+190 0	+0.3 0	+0.46 0	+0.74 0	+1.2 0	+1.9 0	+3 0	+4.6 0
80	120	+2.5 0	+4 0	+6 0	+10 0	+15 0	+22 0	+35 0	+54 0	+87 0	+140 0	+220 0	+0.35 0	+0.54 0	+0.87 0	+1.4 0	+2.2 0	+3.5 0	+5.4 0
120	180	+3.5 0	+5 0	+8 0	+12 0	+18 0	+25 0	+40 0	+63 0	+100 0	+160 0	+250 0	+0.4 0	+0.63 0	+1 0	+1.6 0	+2.5 0	+4 0	+6.3 0
180	250	+4.5 0	+7 0	+10 0	+14 0	+20 0	+29 0	+46 0	+72 0	+115 0	+185 0	+290 0	+0.46 0	+0.72 0	+1.15 0	+1.85 0	+2.9 0	+4.6 0	+7.2 0
250	315	+6 0	+8 0	+12 0	+16 0	+23 0	+32 0	+52 0	+81 0	+130 0	+210 0	+320 0	+0.52 0	+0.81 0	+1.3 0	+2.1 0	+3.2 0	+5.2 0	+8.1 0
315	400	+7 0	+9 0	+13 0	+18 0	+25 0	+36 0	+57 0	+89 0	+140 0	+230 0	+360 0	+0.57 0	+0.89 0	+1.4 0	+2.3 0	+3.6 0	+5.7 0	+8.9 0
400	500	+8 0	+10 0	+15 0	+20 0	+27 0	+40 0	+63 0	+97 0	+155 0	+250 0	+400 0	+0.63 0	+0.97 0	+1.55 0	+2.5 0	+4 0	+6.3 0	+9.7 0
500	630	+9 0	+11 0	+16 0	+22 0	+32 0	+44 0	+70 0	+110 0	+175 0	+280 0	+440 0	+0.7 0	+1.1 0	+1.75 0	+2.8 0	+4.4 0	+7 0	+11 0
630	800	+10 0	+13 0	+18 0	+25 0	+36 0	+50 0	+80 0	+125 0	+200 0	+320 0	+500 0	+0.8 0	+1.25 0	+2 0	+3.2 0	+5 0	+8 0	+12.5 0
800	1000	+11 0	+15 0	+21 0	+28 0	+40 0	+56 0	+90 0	+140 0	+230 0	+360 0	+560 0	+0.9 0	+1.4 0	+2.3 0	+3.6 0	+5.6 0	+9 0	+14 0
1000	1250	+13 0	+18 0	+24 0	+33 0	+47 0	+66 0	+105 0	+165 0	+260 0	+420 0	+660 0	+1.05 0	+1.65 0	+2.6 0	+4.2 0	+6.6 0	+10.5 0	+16.5 0
1250	1600	+15 0	+21 0	+29 0	+39 0	+55 0	+78 0	+125 0	+195 0	+310 0	+500 0	+780 0	+1.25 0	+1.95 0	+3.1 0	+5 0	+7.8 0	+12.5 0	+19.5 0
1600	2000	+18 0	+25 0	+35 0	+46 0	+65 0	+92 0	+150 0	+230 0	+370 0	+600 0	+920 0	+1.5 0	+2.3 0	+3.7 0	+6 0	+9.2 0	+15 0	+23 0
2000	2500	+22 0	+30 0	+41 0	+55 0	+78 0	+110 0	+175 0	+280 0	+440 0	+700 0	+1100 0	+1.75 0	+2.8 0	+4.4 0	+7 0	+11 0	+17.5 0	+28 0
2500	3150	+26 0	+36 0	+50 0	+68 0	+96 0	+135 0	+210 0	+330 0	+540 0	+860 0	+1350 0	+2.1 0	+3.3 0	+5.4 0	+8.6 0	+13.5 0	+21 0	+33 0

[a] IT14~IT18 只用于大于 1 mm 的公称尺寸

附表9　孔的极限偏差（基本偏差EF和F）（摘自GB/T 1800.2—2020）

上极限偏差=ES
下极限偏差=EI

偏差单位为微米

公称尺寸 mm		EF							F					
大于	至	3	4	5	6	7	8	9	10	3	4	5	6	7	8	9	10
—	3	+12 +10	+13 +10	+14 +10	+16 +10	+20 +10	+24 +10	+35 +10	+50 +10	+8 +6	+9 +6	+10 +6	+12 +6	+16 +6	+20 +6	+31 +6	+46 +6
3	6	+16.5 +14	+18 +14	+19 +14	+22 +14	+26 +14	+32 +14	+44 +14	+62 +14	+12.5 +10	+14 +10	+15 +10	+18 +10	+22 +10	+28 +10	+40 +10	+58 +10
6	10	+20.5 +18	+22 +18	+24 +18	+27 +18	+33 +18	+40 +18	+54 +18	+76 +18	+15.5 +13	+17 +13	+19 +13	+22 +13	+28 +13	+35 +13	+49 +13	+71 +13
10	18										+19 +16	+21 +16	+24 +16	+27 +16	+34 +16	+43 +16	+59 +16	+86 +16
18	30										+24 +20	+26 +20	+29 +20	+33 +20	+41 +20	+53 +20	+72 +20	+104 +20
30	50										+29 +25	+32 +25	+36 +25	+41 +25	+50 +25	+64 +25	+87 +25	+125 +25
50	80												+43 +30	+49 +30	+60 +30	+76 +30	+104 +30	
80	120												+51 +36	+58 +36	+71 +36	+90 +36	+123 +36	
120	180												+61 +43	+68 +43	+83 +43	+106 +43	+143 +43	
180	250												+70 +50	+79 +50	+96 +50	+122 +50	+165 +50	
250	315												+79 +56	+88 +56	+108 +56	+137 +56	+186 +56	
315	400												+87 +62	+98 +62	+119 +62	+151 +62	+202 +62	
400	500												+95 +68	+108 +68	+131 +68	+165 +68	+223 +68	
500	630													+120 +76	+146 +76	+186 +76	+251 +76	
630	800													+130 +80	+160 +80	+205 +80	+280 +80	
800	1000													+142 +86	+176 +86	+226 +86	+316 +86	
1000	1250													+164 +98	+203 +98	+263 +98	+358 +98	
1250	1600													+188 +110	+235 +110	+305 +110	+420 +110	
1600	2000													+212 +120	+270 +120	+350 +120	+490 +120	
2000	2500													+240 +130	+305 +130	+410 +130	+570 +130	
2500	3150													+280 +145	+355 +145	+475 +145	+685 +145	

[a] 中间的基本偏差EF主要应用于精密机构和钟表制造业，如果需要在其他公称尺寸中包含该基本偏差的公差带代号，可依据GB/T 1800.1—2020计算

附录 189

附表 10　轴的极限偏差（基本偏差 f 和 fg）（摘自 GB/T 1800.2—2020）

上极限偏差 = es
下极限偏差 = ei

偏差单位为微米

公称尺寸 mm		f							fg						
大于	至	3	4	5	6	7	8	9	10	3	4	5	6	7	8	9	10
—	3	−6 −8	−6 −9	−6 −10	−6 −12	−6 −16	−6 −20	−6 −31	−6 −46	−4 −6	−4 −7	−4 −8	−4 −10	−4 −14	−4 −18	−4 −29	−4 −44
3	6	−10 −12.5	−10 −14	−10 −15	−10 −18	−10 −22	−10 −28	−10 −40	−10 −58	−6 −8.5	−6 −10	−6 −11	−6 −14	−6 −18	−6 −24	−6 −36	−6 −54
6	10	−13 −15.5	−13 −17	−13 −19	−13 −22	−13 −28	−13 −35	−13 −49	−13 −71	−8 −10.5	−8 −12	−8 −14	−8 −17	−8 −23	−8 −30	−8 −44	−8 −66
10	18	−16 −19	−16 −21	−16 −24	−16 −27	−16 −34	−16 −43	−16 −59	−16 −86								
18	30	−20 −24	−20 −26	−20 −29	−20 −33	−20 −41	−20 −53	−20 −72	−20 −104								
30	50	−25 −29	−25 −32	−25 −36	−25 −41	−25 −50	−25 −64	−25 −87	−25 −125								
50	80		−30 −38	−30 −43	−30 −49	−30 −60	−30 −76	−30 −104									
80	120		−36 −46	−36 −51	−36 −58	−36 −71	−36 −90	−36 −123									
120	180		−43 −55	−43 −61	−43 −68	−43 −83	−43 −106	−43 −143									
180	250		−50 −64	−50 −70	−50 −79	−50 −96	−50 −122	−50 −165									
250	315		−56 −72	−56 −79	−56 −88	−56 −108	−56 −137	−56 −186									
315	400		−62 −80	−62 −87	−62 −98	−62 −119	−62 −151	−62 −202									
400	500		−68 −88	−68 −95	−68 −108	−68 −131	−68 −165	−68 −223									
500	630				−76 −120	−76 −146	−76 −186	−76 −251									
630	800				−80 −130	−80 −160	−80 −205	−80 −280									
800	1000				−86 −142	−86 −176	−86 −226	−86 −316									
1000	1250				−98 −164	−98 −203	−98 −263	−98 −358									
1250	1600				−110 −188	−110 −235	−110 −305	−110 −420									
1600	2000				−120 −212	−120 −270	−120 −350	−120 −490									
2000	2500				−130 −240	−130 −305	−130 −410	−130 −570									
2500	3150				−145 −280	−145 −355	−145 −475	−145 −685									

[a] 中间的基本偏差 fg 主要应用于精密机构和钟表制造业。如果需要在其他公称尺寸中包含该基本偏差的公差带代号，可依据 GB/T 1800.1—2020 计算。

附表11 轴的极限偏差（基本偏差g）（摘自GB/T 1800.2—2020）

上极限偏差=es
下极限偏差=ei

偏差单位为微米

公称尺寸 mm		g							
大于	至	3	4	5	6	7	8	9	10
—	3	−2 −4	−2 −5	−2 −6	−2 −8	−2 −12	−2 −16	−2 −27	−2 −42
3	6	−4 −6.5	−4 −8	−4 −9	−4 −12	−4 −16	−4 −22	−4 −34	−4 −52
6	10	−5 −7.5	−5 −9	−5 −11	−5 −14	−5 −20	−5 −27	−5 −41	−5 −63
10	18	−6 −9	−6 −11	−6 −14	−6 −17	−6 −24	−6 −33	−6 −49	−6 −76
18	30	−7 −11	−7 −13	−7 −16	−7 −20	−7 −28	−7 −40	−7 −59	−7 −91
30	50	−9 −13	−9 −16	−9 −20	−9 −25	−9 −34	−9 −48	−9 −71	−9 −109
50	80		−10 −18	−10 −23	−10 −29	−10 −40	−10 −56		
80	120		−12 −22	−12 −27	−12 −34	−12 −47	−12 −66		
120	180		−14 −26	−14 −32	−14 −39	−14 −54	−14 −77		
180	250		−15 −29	−15 −35	−15 −44	−15 −61	−15 −87		
250	315		−17 −33	−17 −40	−17 −49	−17 −69	−17 −98		
315	400		−18 −36	−18 −43	−18 −54	−18 −75	−18 −107		
400	500		−20 −40	−20 −47	−20 −60	−20 −83	−20 −117		
500	630				−22 −66	−22 −92	−22 −132		
630	800				−24 −74	−24 −104	−24 −149		
800	1000				−26 −82	−26 −116	−26 −166		
1000	1250				−28 −94	−28 −133	−28 −193		
1250	1600				−30 −108	−30 −155	−30 −225		
1600	2000				−32 −124	−32 −182	−32 −262		
2000	2500				−34 −144	−34 −209	−34 −314		
2500	3150				−38 −173	−38 −248	−38 −368		

附表 12 轴的极限偏差（基本偏差 h）（摘自 GB/T 1800.2—2020）

上极限偏差 = es
下极限偏差 = ei

公称尺寸 mm		h																
		1	2	3	4	5	6	7	8	9	10	11	12	13	14[a]	15[a]	16[a]	17	18
大于	至	偏差																	
		μm											mm						
—	3[a]	0 −0.8	0 −1.2	0 −2	0 −3	0 −4	0 −6	0 −10	0 −14	0 −25	0 −40	0 −60	0 −0.1	0 −0.14	0 −0.25	0 −0.4	0 −0.6		
3	6	0 −1	0 −1.5	0 −2.5	0 −4	0 −5	0 −8	0 −12	0 −18	0 −30	0 −48	0 −75	0 −0.12	0 −0.18	0 −0.3	0 −0.48	0 −0.75	0 −1.2	0 −1.8
6	10	0 −1	0 −1.5	0 −2.5	0 −4	0 −6	0 −9	0 −15	0 −22	0 −36	0 −58	0 −90	0 −0.15	0 −0.22	0 −0.36	0 −0.58	0 −0.9	0 −1.5	0 −2.2
10	18	0 −1.2	0 −2	0 −3	0 −5	0 −8	0 −11	0 −18	0 −27	0 −43	0 −70	0 −110	0 −0.18	0 −0.27	0 −0.43	0 −0.7	0 −1.1	0 −1.8	0 −2.7
18	30	0 −1.5	0 −2.5	0 −4	0 −6	0 −9	0 −13	0 −21	0 −33	0 −52	0 −84	0 −130	0 −0.21	0 −0.33	0 −0.52	0 −0.84	0 −1.3	0 −2.1	0 −3.3
30	50	0 −1.5	0 −2.5	0 −4	0 −7	0 −11	0 −16	0 −25	0 −39	0 −62	0 −100	0 −160	0 −0.25	0 −0.39	0 −0.62	0 −1	0 −1.6	0 −2.5	0 −3.9
50	80	0 −2	0 −3	0 −5	0 −8	0 −13	0 −19	0 −30	0 −46	0 −74	0 −120	0 −190	0 −0.3	0 −0.46	0 −0.74	0 −1.2	0 −1.9	0 −3	0 −4.6
80	120	0 −2.5	0 −4	0 −6	0 −10	0 −15	0 −22	0 −35	0 −54	0 −87	0 −140	0 −220	0 −0.35	0 −0.54	0 −0.87	0 −1.4	0 −2.2	0 −3.5	0 −5.4
120	180	0 −3.5	0 −5	0 −8	0 −12	0 −18	0 −25	0 −40	0 −63	0 −100	0 −160	0 −250	0 −0.4	0 −0.63	0 −1	0 −1.6	0 −2.5	0 −4	0 −6.3
180	250	0 −4.5	0 −7	0 −10	0 −14	0 −20	0 −29	0 −46	0 −72	0 −115	0 −185	0 −290	0 −0.46	0 −0.72	0 −1.15	0 −1.85	0 −2.9	0 −4.6	0 −7.2
250	315	0 −6	0 −8	0 −12	0 −16	0 −23	0 −32	0 −52	0 −81	0 −130	0 −210	0 −320	0 −0.52	0 −0.81	0 −1.3	0 −2.1	0 −3.2	0 −5.2	0 −8.1
315	400	0 −7	0 −9	0 −13	0 −18	0 −25	0 −36	0 −57	0 −89	0 −140	0 −230	0 −360	0 −0.57	0 −0.89	0 −1.4	0 −2.3	0 −3.6	0 −5.7	0 −8.9
400	500	0 −8	0 −10	0 −15	0 −20	0 −27	0 −40	0 −63	0 −97	0 −155	0 −250	0 −400	0 −0.63	0 −0.97	0 −1.55	0 −2.5	0 −4	0 −6.3	0 −9.7
500	630	0 −9	0 −11	0 −16	0 −22	0 −32	0 −44	0 −70	0 −110	0 −175	0 −280	0 −440	0 −0.7	0 −1.1	0 −1.75	0 −2.8	0 −4.4	0 −7	0 −11
630	800	0 −10	0 −13	0 −18	0 −25	0 −36	0 −50	0 −80	0 −125	0 −200	0 −320	0 −500	0 −0.8	0 −1.25	0 −2	0 −3.2	0 −5	0 −8	0 −12.5
800	1000	0 −11	0 −15	0 −21	0 −28	0 −40	0 −56	0 −90	0 −140	0 −230	0 −360	0 −560	0 −0.9	0 −1.4	0 −2.3	0 −3.6	0 −5.6	0 −9	0 −14
1000	1250	0 −13	0 −18	0 −24	0 −33	0 −47	0 −66	0 −105	0 −165	0 −260	0 −420	0 −660	0 −1.05	0 −1.65	0 −2.6	0 −4.2	0 −6.6	0 −10.5	0 −16.5
1250	1600	0 −15	0 −21	0 −29	0 −39	0 −55	0 −78	0 −125	0 −195	0 −310	0 −500	0 −780	0 −1.25	0 −1.95	0 −3.1	0 −5	0 −7.8	0 −12.5	0 −19.5
1600	2000	0 −18	0 −25	0 −35	0 −46	0 −65	0 −92	0 −150	0 −230	0 −370	0 −600	0 −920	0 −1.5	0 −2.3	0 −3.7	0 −6	0 −9.2	0 −15	0 −23
2000	2500	0 −22	0 −30	0 −41	0 −55	0 −78	0 −110	0 −175	0 −280	0 −440	0 −700	0 −1100	0 −1.75	0 −2.8	0 −4.4	0 −7	0 −11	0 −17.5	0 −28
2500	3150	0 −26	0 −36	0 −50	0 −68	0 −96	0 −135	0 −210	0 −330	0 −540	0 −860	0 −1350	0 −2.1	0 −3.3	0 −5.4	0 −8.6	0 −13.5	0 −21	0 −33

[a] IT14～IT16 只用于大于 1 mm 的公称尺寸

参考文献

[1] 胡胜. 机械识图 [M]. 重庆：重庆大学出版社，2007.

[2] 徐冬元. 钳工工艺与技能训练 [M]. 北京：高等教育出版社，2006.

[3] 袁志钟，戴起勋. 金属材料学 [M]. 北京：化学工业出版社，2019.

[4] 沈莲. 机械工程材料 [M]. 4版. 北京：机械工业出版社，2019.

[5] 王晓敏. 工程材料学 [M]. 4版. 哈尔滨：哈尔滨工业大学出版社，2017.

[6] 黄丽. 高分子材料 [M]. 2版. 北京：化学工业出版社，2018.

[7] 严辉容，胡小青. 机械制图（非机械类） [M]. 3版. 北京：北京理工大学出版社，2019.

[8] 技术产品文件标准汇编（技术制图卷） [M]. 北京：中国标准出版社，2007.

[9]《中华人民共和国国家标准——产品几何技术规范（GPS）线性尺寸公差 ISO 代号体系第2部分：标准公差带代号和孔、轴的极限偏差表》[M]. 北京：中国标准出版社，2020.

[10]《机械制图》国家标准工作组. 机械制图新旧标准代换教程 [M]. 北京：中国标准出版社，2003.

[11] 金大鹰. 机械制图（机械类专业）[M]. 2版. 北京：机械工业出版社，2011.

[12] 邹艳，秦忠. 机械制图 [M]. 北京：北京理工大学出版社，2019.

[13] 王希波. 机械基础 [M]. 6版. 北京：中国劳动社会保障出版社，2018.

[14] 胡胜. 机械常识与钳工技能 [M]. 重庆：重庆大学出版社，2010.

[15] 陈晓南，杨培林. 机械设计基础 [M]. 3版. 北京：科学出版社，2021.

[16] 王斌，王萍，刘野. 机械与机构零件 [M]. 武汉：武汉理工大学出版社，2016.

[17] 黄东，朱柄. 机械基础 [M]. 北京：北京理工大学出版社，2016

[18] 廖红军. 机械基础 [M]. 重庆：重庆大学出版社，2015.

[19] 胡建生. 机械制图 [M]. 北京：机械工业出版社，2018.

[20] 魏龙. 密封技术 [M]. 2版. 北京：化学工业出版社，2010.

目　录

绪论 ………………………………………………………………………………………… 1

项目一　识读机械图样 ………………………………………………………………… 3
　　任务一　机械识图基本知识的认识 …………………………………………………… 3
　　任务二　机械图样的表达 ……………………………………………………………… 7
　　任务三　零件图的识读 ………………………………………………………………… 10

项目二　认识常用机械传动 …………………………………………………………… 14
　　任务一　认识带传动和链传动 ………………………………………………………… 14
　　任务二　认识螺旋传动 ………………………………………………………………… 16
　　任务三　认识齿轮传动和蜗杆传动 …………………………………………………… 18
　　任务四　机械润滑与密封 ……………………………………………………………… 20

项目三　用钳工基本技能制作工件 …………………………………………………… 22
　　任务一　认识钳工的工作环境 ………………………………………………………… 22
　　任务二　学习划线基本知识与技能 …………………………………………………… 24
　　任务三　制作凹凸件 …………………………………………………………………… 26
　　任务四　制作六角螺母 ………………………………………………………………… 30
　　任务五　认识三坐标测量仪 …………………………………………………………… 38

项目四　认识常用工程材料 …………………………………………………………… 40
　　任务一　常用金属材料的种类及其性能概述 ………………………………………… 40
　　任务二　认识黑色金属 ………………………………………………………………… 42
　　任务三　认识有色金属 ………………………………………………………………… 43
　　任务四　认识工程塑料 ………………………………………………………………… 45

绪 论

❖ 任务描述

如图 0-1、图 0-2、图 0-3、图 0-4 所示的设备，它们都是由各种金属和非金属部件组装而成的装置，可以运转，也可以用来代替人的劳动、作能量变换或产生有用功。他们都属于机器。

❖ 任务实施步骤

【任务实施】认识机器、机构、构件与零件

一、实施目标

1. 能区分机器与机构的特征及运用；
2. 能了解构件与零件的特征与区别；
3. 了解机械加工的种类和产品加工过程。

二、实施准备

预习"知识链接"部分，并通过网络等媒介，了解机加工方面的知识。

课题名称		时 间	
随 笔	预习主要内容		
冷加工			
热加工			
其他加工方法			
评 语			

三、实施内容

1. 说出机器、机构、构件和零件的区别和联系。
2. 了解图 0-1、图 0-2、图 0-3、图 0-4 所示设备。
3. 说出常用的加工方法。

四、实施步骤

1. 理解机器、机构、构件和零件，并说出自行车、洗衣机是机器还是机构，阐述理由。

2. 参观学校机加工车间，认识机械产品常用的加工方法。

3. 认识图 0-1、图 0-2 及图 0-3 所示的机器设备，通过讨论、查阅资料和网络等手段，参照"数控车床"完成表 0-4。

表 0-4 机器性能

问题	飞机	汽车	数控车床	焊接机器人
功能			在人的控制下，各运动构件之间有确定的相对运动	
途径			将电机的旋转运动转化为工件的旋转运动、车刀的进给运动，实现车削	
运动			工件和车刀有明确的运动	

❖ 任务评价

组别			小组负责人	
成员姓名			班级	
课题名称			实施时间	
评价指标	配分	自评	互评	教师评
课前准备，收集资料	5			
课堂学习情况	20			
能应用各种手段获得需要的学习材料，并能提炼出需要的知识点	20			
实施步骤1和步骤2	15			
实施步骤3	10			
课堂学习纪律、完全文明	15			
能实现前后知识的迁移，主动性强，与同伴团结协作	15			
总　　计	100			
教师总评 （成绩、不足及注意事项）				
综合评定等级（个人30%，小组30%，教师40%）				

项目一　识读机械图样

任务一　机械识图基本知识的认识

❖ 任务描述

绘制如图 1-1-1 所示立体图的三视图，要求根据立体图的尺寸，选择合适的图纸、比例等，三视图要符合国家制图标准的有关规定和应用要求。

❖ 任务实施步骤

一、实施目标

1. 掌握国家关于制图的相关标准；
2. 会使用绘图工具；
3. 会用三视图的原理绘制任务立体的三视图。

二、实施准备

1. 预习"知识链接"部分。

课题名称		时　间	
随　笔	预习主要内容		
随　笔	课堂笔记主要内容		
评　语			

2. 学习表 1-1-6 中绘图工具知识，并购买部分相关工具。

表 1-1-6　绘图工具知识

名称	图示	说明
图板、丁字尺和三角板	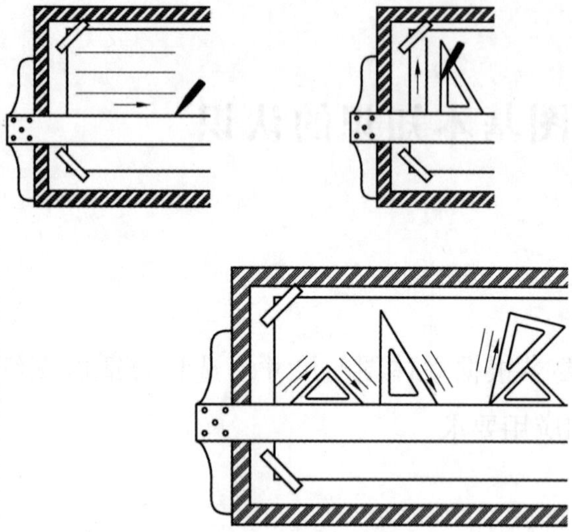	图板主要用来固定图纸，作为画图垫板。要求表面平坦光洁，左边用作导边，所以必须平直。常用的图板规格有 0 号、1 号和 2 号。 丁字尺有木质和有机玻璃两种，由相互垂直的尺头和尺身组成，用来画水平线。使用时，左手扶住尺头，应使尺头的内侧边始终紧靠图板左侧的导边，上下移动丁字尺，自左向右，可画出不同位置的水平线。 三角板一般由有机玻璃制成，有 45°、90°角和 30°、60°、90°角的各一块。三角板可配合丁字尺画铅垂线；也可以作与水平线成 30°、45°、60°的倾斜线，用两块三角板还能画与水平线成 15°、75°角的倾斜线，还可以画已知直线的平行线和垂直线
圆规和分规	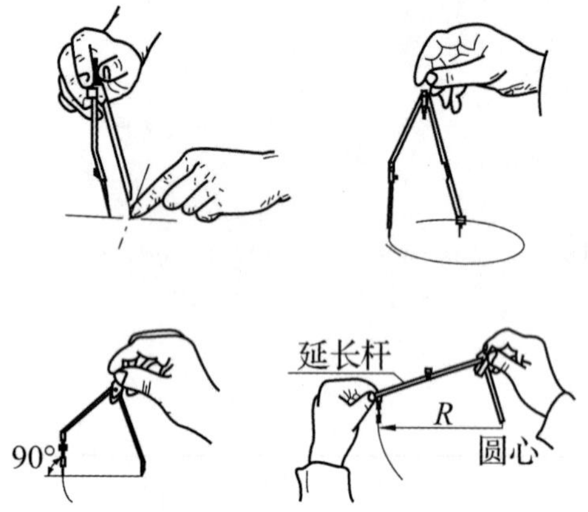	圆规是画圆和圆弧的工具。圆规有两只脚，其中一只脚上有活动针尖，针尖两端为一短尖一长尖，短尖是画圆或圆弧时定心用的，长尖作分规用；另一只脚上有活动关节，可随时装换铅芯插脚、鸭嘴插脚、作分规用的锥形钢针插脚。 在使用圆规前，应先调整针尖，使针尖略长于铅芯。画图时，应将圆规向前进方向稍微倾斜；画较大圆时，应使圆规两脚都与纸面垂直。 分规用于等分和量取线段。分规两脚的针尖并拢后，应能对齐
铅笔	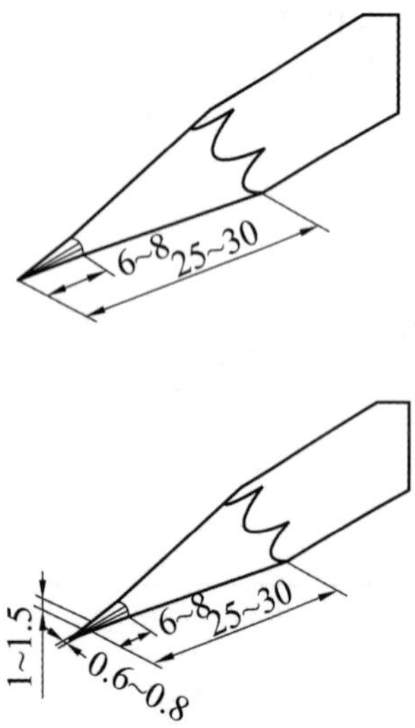	绘图铅笔的笔芯有软硬之分，标号 B 表示铅芯软度，B 前的数字越大则表示铅芯越软；标号 H 表示铅芯硬度，H 前的数字越大表示铅芯越硬；标号 HB 表示铅芯软硬适中。常用 H 或 2H 的铅笔画细实线，用 HB 或 H 的铅笔写字，用 B 或 HB 的铅笔画粗实线。 削铅笔时应从无标号的一端削起以保留标号，铅芯露出 6 mm～8 mm 为宜。写字或画细线时，铅芯削成锥状；加深粗线时，铅芯削成四棱柱状。圆规的铅芯削成斜口圆柱状或斜口四棱柱状
其他	绘图时还需用小刀（刀片）、橡皮、胶带纸、量角器、擦图片、砂纸板及毛刷等	

三、实施内容

1. 简单说出图幅规格，图框的几种格式。
2. 使用不同的比例抄画图 1-1-29 平面图形，标注尺寸。

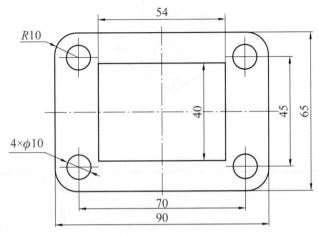

图 1-1-29　抄画平面图

3. 绘制图 1-1-1 立体的三视图。

四、实施步骤

1. 分别使用 1∶2、2∶1 来抄画图 1-1-29 平面图形。

（1）根据比例，选择合适的图纸。

（2）查阅图框、标题栏标准尺寸，绘制图框和标题栏。

（3）绘制底稿。

（4）整理全图，检查无误后加深，标注尺寸。

2. 根据图 1-1-30 中的立体图，补画几个图形的第三视图。

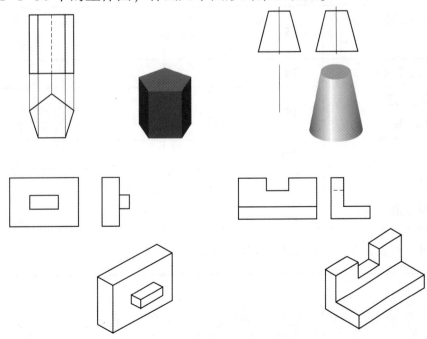

图 1-1-30　补画第三视图

3. 绘制图 1-1-1 所示立体图的三视图。选择合适的图纸、比例，并标注第一个三视图的尺寸，在第二个三视图上标注出上下、左右、前后六个方位。

4. 绘制图 1-1-31 立体图的三视图。

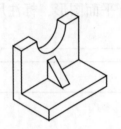

图 1-1-31 绘制三视图

❖ 任务评价

组别		小组负责人	
成员姓名		班级	
课题名称		实施时间	
评价指标	配分	自评	互评	教师评
---	---	---	---	---
课前准备，预习、购买工具等	5			
课堂学习情况	20			
能应用各种手段获得需要的学习材料，并能提炼出需要的知识点	15			
实施步骤 1：分别使用 1：2、2：1 来抄画图 1-1-29 平面图形	10			
实施步骤 2：根据图 1-1-30 中的立体图，补画第三视图	10			
实施步骤 3、4：绘制立体图的三视图	15			
课堂学习纪律、完全文明	10			
能实现前后知识的迁移，主动性强，与同伴团结协作	15			
总　　计	100			
教师总评（成绩、不足及注意事项）				
综合评定等级（个人 30%，小组 30%，教师 40%）				

任务二　机械图样的表达

❖ 任务描述

　　机件的结构形状是多种多样的，仅用三视图来表达，难以将机件的内、外形状和结构表达清楚。如图 1-2-1 所示机件的立体图，若用画三视图的方法，因侧面连接板看不见，投影虚线较多，且作图烦琐。在这一课题中将运用正投影的原理，介绍完整、清晰、准确、简洁地表达各类机件的外部、内部结构形状的基本方法，为画图和识图打下更好的基础。

❖ 任务实施步骤

一、实施目标

1. 能绘制和识读较复杂组合体三视图；
2. 认识机件视图的表达方法；
3. 认识剖视图、断面图；
4. 根据机件的特点，为简单机件选择合适的表达方法。

二、实施准备

1. 准备好绘图工具。
2. 预习"知识链接"部分，并思考下列问题。

课题名称		时　间	
随　笔	预习主要内容		
随　笔	课堂笔记主要内容		
评　语			

　　(1) 讨论：选择何方向作为图 1-2-6 所示支架的主视图投影方向？

（2）如图 1-2-21 所示的立体图形体，观察分析机件形体的组成特点，如果采用视图和全剖视图分别表达有何优势和缺陷？

三、实施内容

1. 绘制三视图。
2. 看图想形状。
3. 绘制简单的剖视图。

四、实施步骤

1. 绘制图 1-2-2 所示立体三视图（可以根据情况自行选择）。
2. 如图 1-2-36 所示图形，识读想形状。

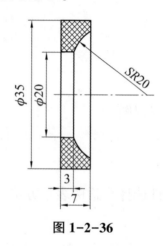

图 1-2-36

3. 绘制剖视图

（1）将图 1-2-1 的主视图改成全剖视图。

（2）补画下图 1-2-37 中的漏线。

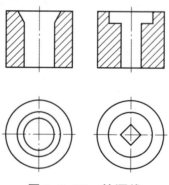

图 1-2-37　补漏线

（3）如图 1-2-38 所示图中，移出断面图的 4 个选项，请选择正确的。

（4）如图 1-2-39 所示，将主视图改成剖视图画在指定位置。

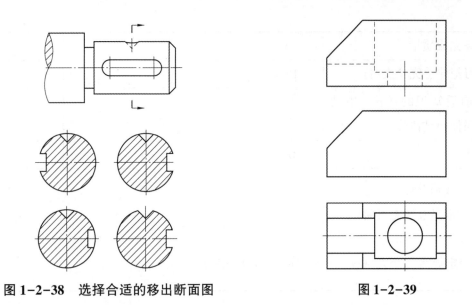

图 1-2-38　选择合适的移出断面图　　　　图 1-2-39

4. 如图 1-2-40 所示零件的立体图，选择合适的表达方法。

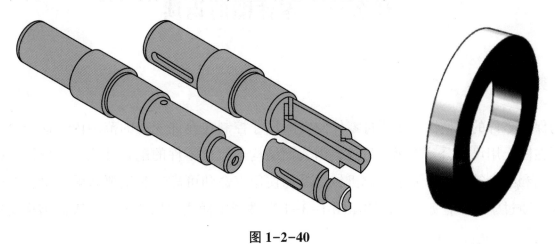

图 1-2-40

❖ 任务评价

组别			小组负责人	
成员姓名			班级	
课题名称			实施时间	
评价指标	配分	自评	互评	教师评
课前准备，收集资料	5			
课堂学习情况	15			
能应用各种手段获得需要的学习材料，并能提炼出需要的知识点	20			
实施任务完成情况	20			

续表

实施任务完成质量	10			
课堂学习纪律、完全文明	15			
能实现前后知识的迁移，主动性强，与同伴团结协作	15			
总　　计	100			
教师总评 （成绩、不足及注意事项）				
综合评定等级（个人30%，小组30%，教师40%）				

任务三　零件图的识读

❖ 任务描述

为保证零件的互换性，必须将零件的实际尺寸控制在允许变动的范围内，这个允许的变动范围在图上用尺寸公差表示。另外，因表面结构与机械零件的配合性质、耐磨性、接触刚度、振动和噪声等有密切关系，对机械产品的使用寿命和可靠性有重要影响，也会在图中标注出来。通过学习本任务，可以读懂图1-3-1零件图中标注的尺寸公差、表面结构要求和几何公差。

❖ 任务实施步骤

一、实施目标

1. 能简单识读零件图中的尺寸公差和几何公差；
2. 能认识零件图中的表面结构的标注；
3. 认识零件图中的其他技术要求。

二、实施准备

1. 预习"知识链接"部分。

课题名称		时间	
随　笔	预习主要内容		
随　笔	课堂笔记主要内容		
评　语			

2. 通过网络或者查阅工具书，了解表面结构方面旧国标的要求及标注。

三、实施内容

1. 熟悉螺纹的五大要素，并通过查阅其他材料，会判断螺纹旋向。

2. 对比新旧国标关于表面结构要求的变化。

图 1-3-22　零件

3. 认识图 1-3-22 中的零件。

4. 按照步骤识读零件图。

四、实施步骤

1. 找错，并说明符号含义

（1）圈出图 1-3-23 中错误的地方，在空白处画出正确的图形。

（2）通过查阅工具书或者网络说出下列符号的含义

M24LH—5H—S 含义：

M20×1.5—5g6g 含义：

滚动轴承 6205 含义：

（3）说出螺纹的五大要素，如何判断螺纹旋向。

2. 说出图 1-3-22 中各个零件的名称。

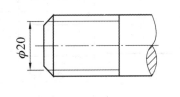

图 1-3-23　螺纹找错图

3. 有一标准直齿圆柱齿轮 $m=4$ mm，$z=32$。求 d、d_a 和 d_f。

4. 说出关于几何公差和表面结构的标注等新旧国标不同的地方，完成表 1-3-9。

表 1-3-9 新旧国标对比

名称	旧国标	新国标
表面结构		
几何公差		
尺寸公差		
其他		

5. 识读零件图 1-3-1，说出里面尺寸公差的三段轴径的上、下极限尺寸及公差、表面结构要求最高的表面是哪个？标注几何公差框格的含义是什么？

6. 按照下列零件图的识读步骤，识读零件图 1-3-24，并完成填空题。

（1）看标题栏，了解概括。

（2）视图表达和结构形状的分析。

（3）尺寸和技术要求分析。

（4）归纳总结。

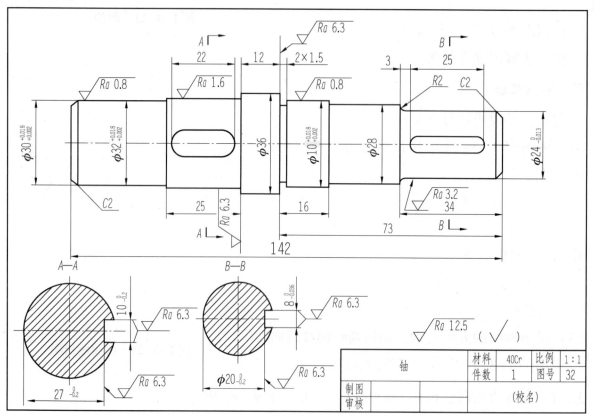

图 1-3-24　轴零件图

（1）该零件的名称是_____，绘图比例为_____，材料是_____，共用了_____个图形表示，其中有_____个基本视图，两个_____图。

（2）图中最左面一段轴的尺寸标注，公称尺寸是_____，上极限偏差是_____，下极限偏差是_____，公差值为_____。

（3）该零件的表面粗糙度要求最高值为_____，最低值为_____。

（4）宽度为 8 的键槽定位尺寸为_____，键槽长度为_____，键槽深度为_____。

❖ 任务评价

组别		小组负责人	
成员姓名		班级	
课题名称		实施时间	
评价指标	配分	自评	互评	教师评
---	---	---	---	---
课前准备，预习、准备工具等	5			
课堂学习情况	20			
能应用各种手段获得需要的学习材料，并能提炼出需要的知识点	15			
实施步骤1、2完成情况	10			
实施步骤3、4完成情况	10			
实施步骤5、6完成情况	15			
课堂学习纪律、完全文明	10			
能实现前后知识的迁移，主动性强，与同伴团结协作	15			
总　　计	100			

教师总评 （成绩、不足及注意事项）	
综合评定等级（个人30%，小组30%，教师40%）	

项目二　认识常用机械传动

任务一　认识带传动和链传动

❖ 任务描述

汽车的发动机将运动传递给变速箱，车床的电机将运动传递给主轴，摩托车的发动机将运动传递给车轮，这几种运动传递距离比较远，所以会用带或链来传递运动。

❖ 任务实施步骤

一、实施目标

1. 认识带传动的类型，掌握各种带传动的应用特点；
2. 理解带传动的工作过程；
3. 了解链传动的常用类型、工作原理；
4. 学会计算带传动和链传动的传动比。

二、实施准备

预习"知识链接"部分，并通过网络等媒介，了解带传动和链传动的知识。

课题名称		时　间	
随　　笔	预习主要内容		
你所知道的带传动和链传动的应用			
随　　笔	课堂笔记主要内容		
评　语			

三、实施内容

1. 识别带的类型。
2. 说出带传动的应用特点和场合。

3. 说出链传动的类型和特点。

4. 简单计算传动比。

四、实施步骤

1. 识别图 2-1-15 所示带、链的类型。

2. 以学校机加工车间、汽修实训车间为主，以小组为单位找出带传动和链传动，并记录用途和所用的机构。分小组在课堂分享自己的所得。

3. 试计算传动比。在开口式平带传动中，已知主动轮直径 $D_1 = 200$ mm，从动轮直径 $D_2 = 600$ mm，试计算其传动比。

图 2-1-15　带、链的类型

❖ 任务评价

组别		小组负责人	
成员姓名		班级	
课题名称		实施时间	
评价指标	配分	自评	互评	教师评
课前准备，收集资料	5			
课堂学习情况	20			
能应用各种手段获得需要的学习材料，并能提炼出需要的知识点	20			
去实习车间活动	15			
任务完成质量	10			
课堂学习纪律、完全文明	15			
能实现前后知识的迁移，主动性强，与同伴团结协作	15			
总　　计	100			
教师总评（成绩、不足及注意事项）				
综合评定等级（个人30%，小组30%，教师40%）				

任务二　认识螺旋传动

❖ 任务描述

螺纹有外螺纹与内螺纹之分，它们共同组成螺旋副。如图 2-2-1 所示，扳手、台虎钳和千分尺都有共同的特点，它们都是利用内、外螺纹组成的螺旋副将旋转运动转化为直线运动。

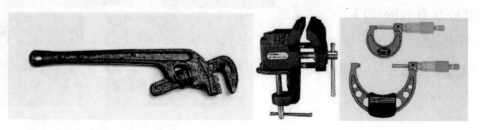

图 2-2-1

❖ 任务实施步骤

一、实施目标

1. 了解螺纹的基本要素；
2. 了解螺纹按照牙型分类情况；
3. 知道螺旋传动类型；
3. 掌握螺旋传动的应用形式，了解其特点。

二、实施准备

预习"知识链接"部分，做好笔记。

任务名称		时　间	
随　笔	预习主要内容		
随　笔	课堂笔记主要内容		
评　语			

三、实施内容

1. 说出螺纹的基本要素,理解螺纹标记的含义。

2. 说出几种在生活生产中的不同用途的螺旋传动。

3. 举例说出螺旋传动应用的不同形式。

四、实施步骤

1. 从生活中举例自己见过的螺纹,分别说明属于哪种螺纹,并举例说明内外螺纹旋合的条件。

2. 说出图 2-2-1、图 2-2-7 所示的螺旋传动类型及所用螺纹的牙型。

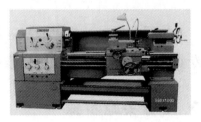

图 2-2-7 车床的丝杠

❖ 任务评价

组别		小组负责人	
成员姓名		班级	
课题名称		实施时间	
评价指标	配分	自评	互评	教师评
---	---	---	---	---
课前准备,预习	5			
课堂学习情况	20			
能应用各种手段获得需要的学习材料,并能提炼出需要的知识点	20			
能列举实际生产中应用到的螺旋传动类型,并简述原理	15			
任务完成质量	10			
课堂学习纪律、完全文明	15			
能实现前后知识的迁移,主动性强,与同伴团结协作	15			
总　　计	100			
教师总评 (成绩、不足及注意事项)				
综合评定等级(个人 30%,小组 30%,教师 40%)				

任务三　认识齿轮传动和蜗杆传动

❖ 任务描述

如图 2-3-1，常见的减速器和常见齿轮。减速器传动机构中，平行轴间的传动用圆柱齿轮传动，相交轴间的传动用圆锥齿轮传动，空间两交错轴间的运动可以用蜗轮蜗杆来传递运动。

❖ 任务实施步骤

一、实施目标

1. 了解齿轮传动的种类、特点；
2. 简单计算齿轮传动的传动比；
3. 了解蜗杆的特点；了解蜗杆传动的组成，简单判断蜗轮蜗杆的旋向。

二、实施准备

预习"知识链接"部分，做好笔记。

任务名称		时　间	
随　笔	预习主要内容		
随　笔	课堂笔记主要内容		
评　语			

三、实施内容

1. 说出齿轮传动和蜗杆传动的类型。
2. 说出几种在生活生产中的齿轮传动应用。

3. 举例说出齿轮传动和蜗杆传动应用的不同形式。

四、实施步骤

1. 参观学校的实习车间，以某一设备为例，找出其上的齿轮传动和蜗杆传动，并说明属于哪种类型。

2. 说出图 2-3-1 中齿轮的名称。

3. 说出齿轮传动和蜗杆传动的应用特点。并举例。

4. 已知一对渐开线标准外啮合圆柱齿轮传动，其模数 $m=4$ mm，中心距 $a=200$ mm，传动比 $i_{12}=3$。试求两轮的齿数 z_1、z_2，分度圆直径 d_1、d_2，齿顶圆直径 d_{a1}、d_{a2}。

5. 讨论：数控机床电动四方刀架中为什么要采用蜗杆传动？

❖ 任务评价

组别		小组负责人	
成员姓名		班级	
课题名称		实施时间	

评价指标	配分	自评	互评	教师评
课前准备，预习	5			
课堂学习情况	20			
能列举实际生产中应用到的齿轮传动类型，并说出其特点	20			
能列举实际生产中应用到的蜗杆传动类型，并简述其传动特点	15			
计算题	10			
课堂学习纪律、完全文明	15			
能实现前后知识的迁移，主动性强，与同伴团结协作	15			
总　　计	100			
教师总评 （成绩、不足及注意事项）				
综合评定等级（个人 30%，小组 30%，教师 40%）				

任务四　机械润滑与密封

❖ 任务描述

我们在生活中，经常会遇到这样的现象：比如，门上的合页，汽车门铰链等，使用时间过长或者过于频繁，经常会发出比较刺耳的摩擦声，这个时候，有生活经验的父辈会找点润滑油来消除这种现象。

❖ 任务实施步骤

一、实施目标

1. 认识润滑剂的种类、性能及选用；
2. 了解机械常用的润滑剂；
3. 知道典型部件齿轮的润滑方法；
4. 认识常用的密封装置及其特点。

二、实施准备

预习"知识链接"部分，做好笔记。

任务名称		时 间	
随　　笔	预习主要内容		
随　　笔	课堂笔记主要内容		
评　　语			

三、实施内容

1. 说出润滑的作用。
2. 简单说出润滑剂的分类、性能及选用。

3. 了解机械常用的润滑剂和润滑方法。

4. 知道齿轮的润滑方法。

5. 说出几种常用的密封装置及其特点。

四、实施步骤

1. 从生活中举例说明自己见过几种不同的润滑方式。

2. 说出机械密封的目的。

3. 说出自行车各个运动部位都使用哪种润滑？

❖ 任务评价

组别		小组负责人	
成员姓名		班级	
课题名称		实施时间	
评价指标	配分	自评	互评	教师评
课前准备，预习	5			
课堂学习情况	20			
能应用各种手段获得需要的学习材料，并能提炼出需要的知识点	20			
机械润滑和密封的目的	5			
常见密封装置有哪些	10			
举例说明几种常见的润滑方式及所有润滑剂	10			
课堂学习纪律、完全文明	15			
能实现前后知识的迁移，主动性强，与同伴团结协作	15			
总　　计	100			
教师总评（成绩、不足及注意事项）				
综合评定等级（个人 30%，小组 30%，教师 40%）				

项目三　用钳工基本技能制作工件

任务一　认识钳工的工作环境

❖ 任务描述

随着机械工业的发展，钳工的工作范围以及需要掌握的技术知识和技能也发生了深刻变化，现已形成了钳工专业的进一步分工，如：普通钳工、划线钳工、修理钳工、装配钳工、模具钳工、工具钳工、钣金钳工等。无论哪一种钳工，要做好工作，就应掌握好钳工的各项基本操作技术，包括：零件的测量、划线、錾削、锯割、锉削、钻孔、扩孔、锪孔、铰孔、攻螺纹、套螺纹、刮削、研磨、矫直、弯曲、铆接、钣金下料及装配等。

❖ 任务实施步骤

一、实施目标

认识钳工的工作环境及工具使用注意事项。

二、实施准备

预习"知识链接"部分，并通过网络等媒介，了解钳工方面的知识。

课题名称		时　间	
随　笔	预习主要内容		
随　笔	课堂笔记主要内容		
评　语			

三、实施内容

参观学校钳工实训室，了解钳工的常用工具、量具及设备，知道如何正确使用它们。

四、实施步骤

1. 通过参观钳工实训室，能对钳工工种有一个感性认识，为今后的学习打好思想基础。
2. 对钳工的安全文明操作规程必须铭记在心。
3. 在实训老师指导下，亲自动手操作一下台虎钳、砂轮机和台钻。

❖ 任务评价

组别		小组负责人	
成员姓名		班级	
课题名称		实施时间	

评价指标	配分	自评	互评	教师评
课前准备，收集资料	5			
课堂学习情况	10			
能应用各种手段获得需要的学习材料，并能提炼出需要的知识点	10			
钳工工作场地的常用设备有哪些	15			
钳工是什么？钳工的基本操作内容有哪些	30			
台虎钳的正确使用和维护内容是什么	20			
砂轮机的安全操作规程有哪些	10			
总　　计	100			
教师总评 （成绩、不足及注意事项）				
综合评定等级（个人30%，小组30%，教师40%）				

任务二　学习划线基本知识与技能

❖ 任务描述

在前面学习的过程中，工件在加工的过程中每一个作品都是由尺寸要求和精度要求的，当看到图纸后，工件能做出合格的工件吗？工件的各个部位应该加工多少？通过今天的学习我们应该能够根据图纸要求划出合格的加工轮廓线。

❖ 任务实施步骤

一、实施目标

正确使用划线工具，划线操作方法正确。达到线条清晰，尺寸准确及冲点分布合理。

二、实施准备

预习"知识链接"部分，并通过网络等媒介，了解钳工划线方面的知识。

课题名称		时　间	
随　笔	预习主要内容		
随　笔	课堂笔记主要内容		
评　语			

三、实施内容

1. 正确安放图 3-2-3 零件、划正工件。
2. 能合理确定划线基准，对有缺陷的毛坯进行合理借料。

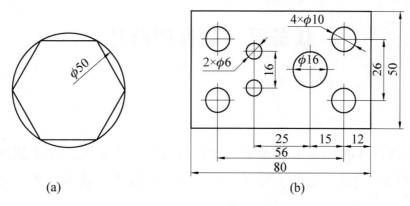

图 3-2-3 划线零件图

四、实施步骤

1. 检查毛坯材料以及外形尺寸是否合格,正确安放工件和工具。
2. 看懂图样,根据各图样轮廓大小合理安排图形位置。
3. 合理选用涂料,并在划线表面均匀涂刷。
4. 根据已选好的划线基准,用几何作图法依次划线。
5. 划线完毕,检查全部图形尺寸,确认无误后,在应打样冲眼的线条上,打上检查样冲眼。

❖ 任务评价

组别		小组负责人	
成员姓名		班级	
课题名称		实施时间	
评价指标	配分	自评	互评	教师评
课前准备,收集资料	5			
课堂学习情况	10			
能应用各种手段获得需要的学习材料,并能提炼出需要的知识点	10			
图形正确,分布合理	15			
线条清晰无重复	30			
冲眼准确,分布合理	20			
姿势正确,文明生产	10			
总　　计	100			
教师总评 (成绩、不足及注意事项)				
综合评定等级(个人30%,小组30%,教师40%)				

任务三 制作凹凸件

❖ 任务描述

本次任务将选择合适的加工工具和量具对钢板进行手工加工,并达到图样所示的要求。在加工过程中将接触到划线、锯削、锉削、钻孔和攻丝等钳工基本技能,加工中要注意工、量具的正确使用。

❖ 任务实施步骤

一、实施目标

1. 熟练掌握锉、锯、钻、攻丝的技能,并达到一定的加工精度;
2. 正确地检查修补各配合面的间隙,并达到锉配要求。

二、实施准备

预习"知识链接"部分,并通过网络等媒介,了解制作凹凸件方面的知识。

课题名称		时 间	
随 笔	预习主要内容		
随 笔	课堂笔记主要内容		
评 语			

三、实施内容

1. 正确安放、划正工件。
2. 能合理确定划线基准,对有缺陷的毛坯进行合理借料。
3. 技能点拨:

肘收臂提举锤过肩,手腕后弓三指微松;

锤面朝天稍停瞬间,目视錾刃肘臂齐下;

收紧三指手腕加劲,锤錾一线行走弧形;

左脚着力右脚伸直，动作协调稳准很快。

四、实施步骤

凹形体加工步骤 见表 3-3-3。

表 3-3-3 凹形体加工步骤

加工步骤	加工内容	图样
1	粗、精锉基准面 B 面，锉平。刀口直角尺，检验直线度与 A 面垂直度	
2	锉平 C 面，检验与 B 面、A 面的垂直度	
3	划线，用高度尺划距 C 面 60 m，相距 B 面 40 mm 的加工线	
4	粗、精锉 C 面的对面，保证尺寸 60+0.06 mm，且与 C 面平行，粗、精锉 B 面的对面，保证尺寸 40±0.05 mm 且与 B 面平行，同时保证与 C 面 A 面垂直	

续表

加工步骤	加工内容	图样
5	划线，按图样要求。分别以 B 面、C 面为基准，划出凹件尺寸线及孔中心线，并打冲眼	
6	钻 2-φ3 m 工艺孔和根据线条用钻头钻排孔	
7	锯除凹件多余部分，留锉削余量	
8	粗、精锉主接触线条（余量 0.1~0.2 mm）精锉凹形顶端面，根据 40 mm 处的实际尺寸，通过控制 20 mm 的尺寸误差值，从而保证达到与凸件端面的配合精度要求。精锉两侧垂直面，两面同样根据外形 60 mm 的实际尺寸和形面 20 mm 的尺寸，以 B 面为基准，同过控制 20 mm 的误差值，从而保证达到与凸形面 20 mm 的配合精度	

续表

加工步骤	加工内容	图样
9	以凸形件为基准，检查凸凹配合的间隙及松紧。如出现局部凸点，锉修凹形件	
10	钻两个底孔 $\phi 6$ mm，用麻花钻将螺纹底孔扩至 $\phi 8.5$ mm，孔口倒角，攻螺纹 M10×1.5 mm	
11	锐边倒角，修光、自检、打标记后变检	

❖ 任务评价

组别		小组负责人	
成员姓名		班级	
课题名称		实施时间	
评价指标	配分	自评	互评	教师评
课前准备，收集资料	5			
课堂学习情况	10			
能应用各种手段获得需要的学习材料，并能提炼出需要的知识点	10			
图形正确、尺寸精度	15			
垂直度、平行度	30			

续表

冲眼准确、配合间隙、	20			
姿势正确，文明生产	10			
总　　计	100			
教师总评 （成绩、不足及注意事项）				
综合评定等级（个人30%，小组30%，教师40%）				

任务四　制作六角螺母

❖ 任务描述

本项目主要学习利用分度头划线、加工内螺纹（攻丝）和万能角度尺的使用与识读，掌握加工正六边形的工艺知识，巩固锯割、锉削等钳工基本操作技能，通过本项目的学习和训练，能够完成图 3-4-1 所示的零件。

❖ 任务实施步骤

一、实施目标

1. 能运用分度头对圆钢进行等分划线；
2. 能选择正确的加工方法完成六角螺母的加工；
3. 能正确确定螺孔底径大小并对其正确加工；
4. 能熟悉丝锥的构造、选择方法；
5. 能掌握攻丝的操作技能。

二、实施准备

预习"知识链接"部分，并通过网络等媒介，了解制作六角螺母件方面的知识。

课题名称		时　间	
随　　笔	预习主要内容		

随　　笔	课堂笔记主要内容
评　　语	

三、实施内容

在接受工作任务后，在老师的指导下，读懂图纸、分析出六角螺母的加工工艺步骤，独立利用划针、分度头、高度尺、钢直尺等划线工具划出加工界线，采用锯削、锉削、钻孔、攻丝等加工方法，使用符合检测要求的量具对六角螺母进行自检、互检，填写检验报告，交检验人员验收合格后，填写工作单，进行成果展示。工作完成后，按现场管理规范要求清理场地，归置物品，按环保要求处理废弃物。

四、实施步骤

（一）划螺母轮廓线

要求：用高度游标卡尺和万能分度头精确划出螺母轮廓线。

1. 找划中心线

将六角螺母毛坯装夹在万能分度头的三爪卡盘中，如图 3-4-9 所示，毛坯的中心高度的计算公式为：

$$h = H - R$$

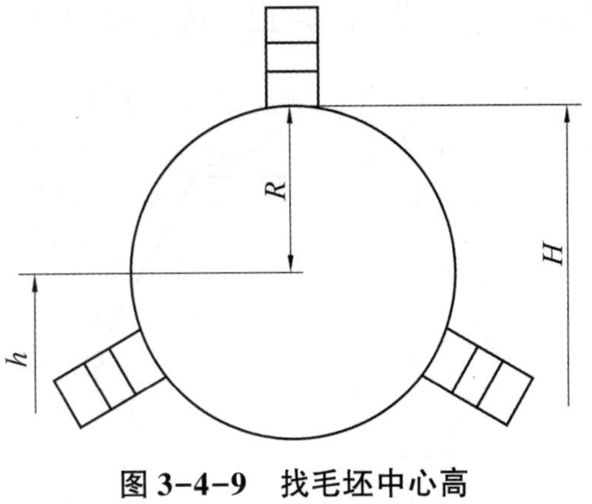

图 3-4-9　找毛坯中心高

用高度游标卡尺，在毛坯的中心处试划一较短的线段，如图 3-4-10（a）所示。

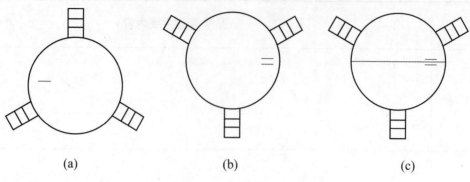

图 3-4-10 找划中心线

2. 划六角螺母轮廓线（图 3-4-11）

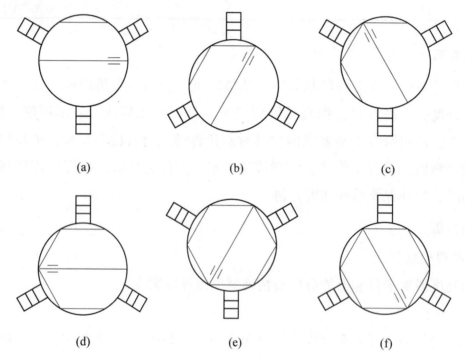

图 3-4-11 划六角螺母轮廓线

（二）加工六角螺母轮廓

1. 分析六角螺母轮廓的加工工艺（图 3-4-12，表 3-4-1）

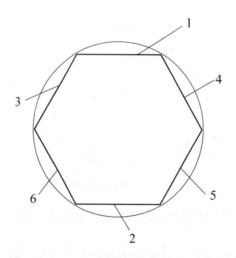

图 3-4-12 六角螺母轮廓的加工次序

表 3-4-1　六角螺母轮廓加工工艺步骤

步骤	加工内容	图示
1	加工基准面（第1面）	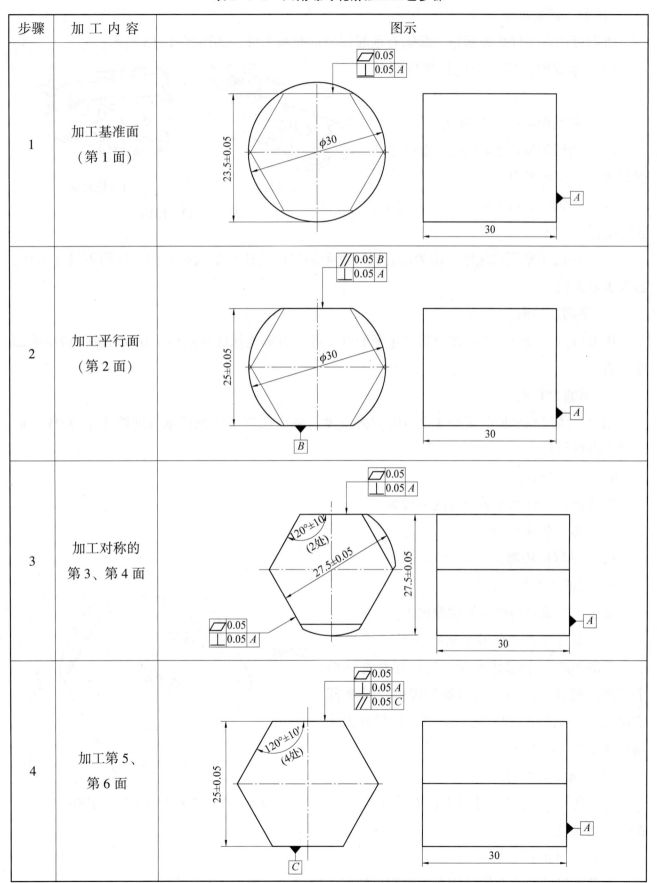
2	加工平行面（第2面）	
3	加工对称的第3、第4面	
4	加工第5、第6面	

2. 加工基准面

1) 锯、锉基准面

将锯齿切入工件称为起锯,起锯有远起锯与近起锯两种,如图 3-4-13 所示。

(1) 起锯时,用左手拇指靠住锯条导向。

(2) 起锯角应以 <15° 为宜。

(3) 当锯到槽深 2~3 mm,锯弓才可逐渐水平,正常锯割。

(4) 起锯时,行程要短,压力要小,速度要慢。

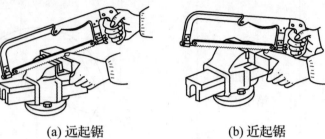

图 3-4-13 起锯

(5) 一般多采用远起锯,因为远起锯时锯条的锯齿是逐步切入材料的,锯齿不易被卡住,起锯也较方便。

2) 平面度检测

用刀口直尺或刀口角尺多位置测量平面度,各位置都能保证间隙小于 0.05 mm,说明平面度合格。

3) 垂直度检测

用刀口角尺在平面的至少 3 个位置测垂直度,各个位置都能保证垂直间隙小于 0.05 mm,说明垂直度合格。

4) 加工平行面

要求:加工与基准面相对的平行面。

(1) 锯、锉平行面

(2) 平行度检测

5) 完成六角螺母轮廓

要求:完成六角螺母轮廓面加工。

(1) 加工基准面的两个相邻表面。

基准面的两个相邻表面,是相互对称的两个表面,通过检测表面与对面的圆弧尺寸来间接保证,如图 3-4-14 所示,本活动中的间接控制尺寸为 27.5±0.05 mm。

(2) 角度的控制。

万能角度尺在使用过程中需要不定期地检查调定的角度。

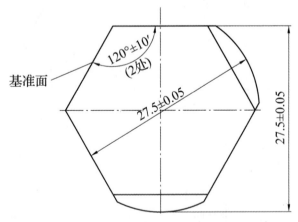

图 3-4-14 用尺寸间接保证对称度

(3) 尺寸的控制。

六角螺母的每个面均是依次先锯割再锉削,完成一个面后再做下一个面。

锯割的位置靠近划线，保留 0.5 mm 左右的锉削余量。

3. 分析螺纹加工工艺（表 3-4-2）

表 3-4-2　M10 螺纹加工工艺简图

步骤	加工内容	图　　　示	
1	划线	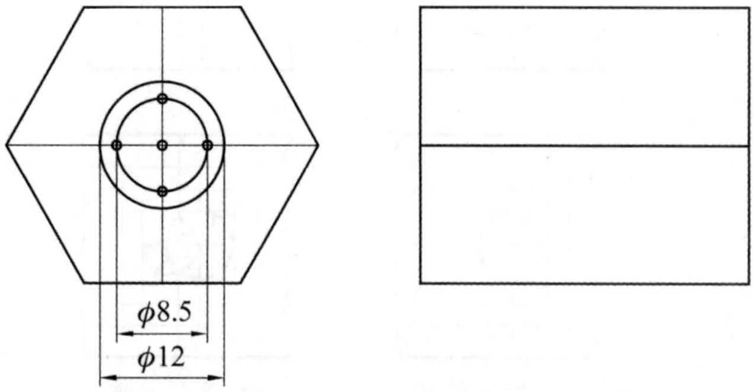 φ8.5 / φ12	
2	钻底孔	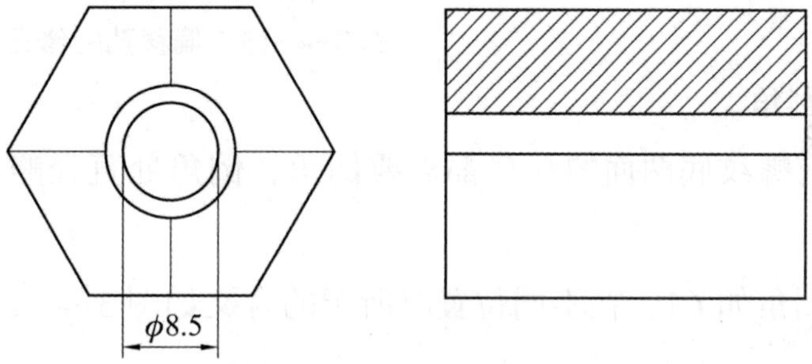 φ8.5	
3	孔口倒角	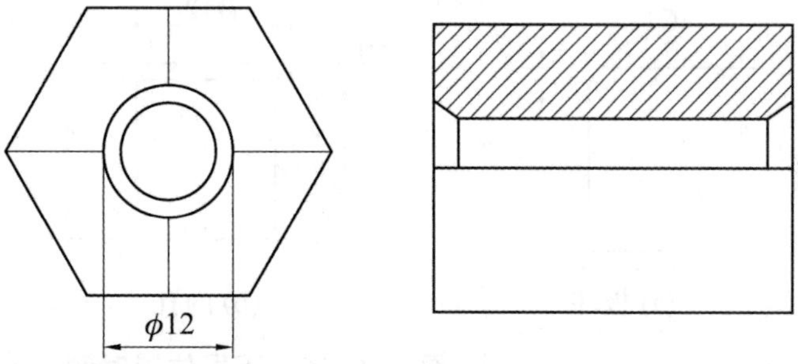 φ12	
4	攻 M10×1.5 螺纹	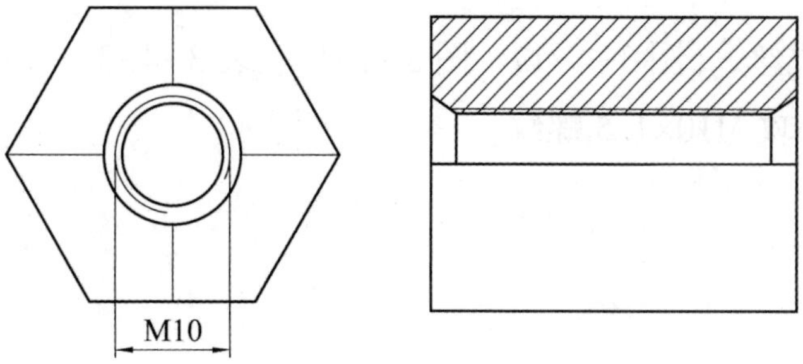 M10	

1) 钻孔、倒角

要求：钻 M10 螺纹的底孔并倒角。

(1) 钻底孔。

起钻时，要保证孔的位置度。

如果发现孔的位置一旦有偏移，必须立即纠正。

偏移量不大时，可以在钻削时把工件向偏移的反方向轻推；偏移量比较大时，则需要重新起钻。

重新起钻前，一般是用錾子在起钻后的锥坑里錾出几条槽，如图3-4-15所示。

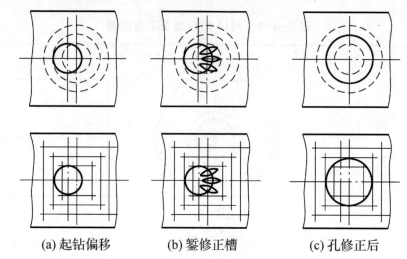

(a) 起钻偏移　　(b) 錾修正槽　　(c) 孔修正后

图 3-4-15　偏移孔的修正

（2）倒角。

攻丝前螺纹底两面的孔口都需要倒角，倒角处直径略大于螺纹大径，这样可使丝锥容易切入。

同样倒角如 C1，在不同位置时所指的含义如图3-4-16所示。

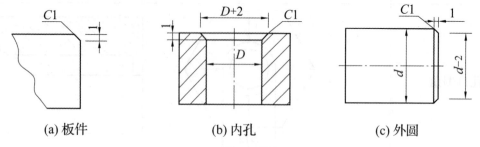

(a) 板件　　　　(b) 内孔　　　　(c) 外圆

图 3-4-16　不同位置时倒角的含义

（3）攻丝。(图3-4-17、图3-4-18、表3-4-3)

要求：攻 M10×1.5 螺纹。

图 3-4-17　攻丝操作

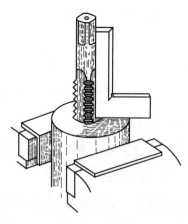

图 3-4-18　攻丝垂直度的检查

表 3-4-3 攻丝时易出现的问题

易出现的问题	产生的原因
螺纹乱牙	1. 起攻时，左右摆动，孔口乱牙； 2. 换用二、三锥时强行校正，或没旋合好就攻下
螺纹滑牙	1. 攻不通孔的较小螺纹时，丝锥已经到底仍继续转； 2. 攻强度低或小径螺纹时，丝锥已经切出螺纹仍继续加压，或者攻完时连同铰杠作自由的快速转出； 3. 未加适当的切削液及一直攻、套不倒转，切屑堵塞容屑槽，螺纹被啃坏
螺纹歪斜	1. 攻丝时，位置不正，没有检查垂直度； 2. 孔口倒角不良，双手用力不均匀，切入时歪斜
螺纹形状不完整	螺纹底孔直径太大
丝锥折断	1. 底孔直径太小； 2. 攻入时丝锥歪斜或歪斜后强行校正； 3. 没有经常反转断屑和清屑； 4. 使用铰杠不当，双手用力不均或用力过猛

❖ 任务评价

组别		小组负责人	
成员姓名		班级	
课题名称		实施时间	
评价指标	配分	自评	互评	教师评
课前准备，收集资料	5			
课堂学习情况	10			
能应用各种手段获得需要的学习材料，并能提炼出需要的知识点	10			
图形及角度正确	15			
平面度、平行度、垂直度	30			
冲眼准确、攻丝正确	20			
姿势正确，文明生产	10			
总　　计	100			
教师总评 （成绩、不足及注意事项）				
综合评定等级（个人30%，小组30%，教师40%）				

任务五　认识三坐标测量仪

❖ 任务描述

图 3-5-1 所示为三坐标测量仪，由多种机械部件组成。平时在使用三坐标测量仪测量工件时，要注意机器的保养，以延长其使用寿命。通过学习本任务，使读者了解三坐标测量仪的机构、工作原理以及维护和保养的方法，能够对三坐标测量仪进行简单的维护和保养。

❖ 任务实施步骤

一、实施目标

1. 能够根据设备实物区分三坐标测量仪的结构；
2. 能够对设备进行日常维护和保养。

二、实施准备

预习"知识链接"部分，并通过网络等学习资源，了解三坐标测量仪方面的知识。

课题名称		时　间	
随　笔	预习主要内容		
随　笔	课堂笔记主要内容		
评　语			

三、实施内容

1. 根据设备的实物判断设备的结构。
2. 说出三坐标测量仪维护的重要及维护内容，并对设备进行维护和保养。

四、实施步骤

以学校车间的三坐标测量仪为例，说出其维护保养操作规程。

❖ 任务评价

组别		小组负责人	
成员姓名		班级	
课题名称		实施时间	
评价指标	配分	自评	互评	教师评
课前准备，收集资料	5			
课堂学习情况	20			
能应用各种手段获得需要的学习材料，并能提炼出需要的知识点	20			
任务完成质量	15			
课堂学习纪律、完全文明	20			
能实现前后知识的迁移，主动性强，与同伴团结协作	20			
总　　计	100			
教师总评 （成绩、不足及注意事项）				
综合评定等级（个人30%，小组30%，教师40%）				

项目四 认识常用工程材料

任务一 常用金属材料的种类及其性能概述

❖ 任务描述

金属材料是指金属元素或以金属元素为主构成的具有金属特性的材料的统称。包括纯金属、合金、金属间化合物和特种金属材料等。金属材料一般具有光泽、延展性、容易导电、传热等性质。图 5-1-1 所示,为几种常见金属材料。

❖ 任务实施步骤

一、实施目标

1. 了解金属材料的种类;
2. 掌握金属材料的性质;
3. 熟悉金属材料的性能;
4. 树立文化自信,培养爱国主义情感。

二、实施准备

自主学习"知识链接"部分,并通过网络等媒介,了解常用金属材料的种类及性能方面的知识。

课题名称		时 间	
随 笔	预习主要内容		
随 笔	课堂笔记主要内容		
评 语			

三、实施内容

1. 说出金属材料有哪些分类。
2. 说出金属材料有哪些性质。
3. 说出金属材料的具体性能。

四、实施步骤

1. 了解金属材料的性质及具备的性能。
2. 以组为单位思考讨论生活中哪些是金属材料,使用中需注意哪些问题?
3. 观察车间有哪些属于金属材料?思考为什么要使用金属材料?

❖ 任务评价

组别		小组负责人	
成员姓名		班级	
课题名称		实施时间	
评价指标	配分	自评	互评	教师评
---	---	---	---	---
课前准备,收集资料	5			
课堂学习情况	20			
能应用各种手段获得需要的学习材料,并能提炼出需要的知识点	20			
去车间实地观察学习	15			
任务完成质量	10			
课堂学习纪律、完全文明	15			
能实现前后知识的迁移,主动性强,与同伴团结协作	15			
总　　计	100			

教师总评 (成绩、不足及注意事项)	
综合评定等级(个人30%,小组30%,教师40%)	

任务二　认识黑色金属

❖ 任务描述

钢铁在国民经济中占有极其重要的地位，亦是衡量一个国家国力的重要标志。钢材品种繁多（图4-2-1为常见的几种钢材），不同种类的钢材编号方法也不一样。为了便于生产、保管、选用和研究，必须对钢材加以分类。本任务主要学习钢的分类方法及编号方法。

❖ 任务实施步骤

一、实施目标

1. 了解黑色金属的概念；
2. 了解钢的分类；
3. 掌握钢的编号方法；
4. 培养对钢铁知识的兴趣，培养专业素质和爱国情怀。

二、实施准备

自主学习"知识链接"部分，并通过网络等媒介，了解黑色金属材料方面的知识。

课题名称		时　间	
随　　笔	预习主要内容		
随　　笔	课堂笔记主要内容		
评　　语			

三、实施内容

1. 说出钢有哪些分类方法，分别分成哪些类。
2. 说出钢的编号方法。

四、实施步骤

1. 了解钢有哪些分类方法？分别分成哪些类？
2. 钢是如何编号的？以组为单位，分析思考常用几种钢编号的含义。
3. 观察车工实习、钳工实习用的钢件是否一样。

❖ 任务评价

组别		小组负责人	
成员姓名		班级	
课题名称		实施时间	
评价指标	配分	自评	互评	教师评
课前准备，收集资料	5			
课堂学习情况	20			
能应用各种手段获得需要的学习材料，并能提炼出需要的知识点	20			
去车间实地观察学习	15			
任务完成质量	10			
课堂学习纪律、完全文明	15			
能实现前后知识的迁移，主动性强，与同伴团结协作	15			
总　　计	100			
教师总评 （成绩、不足及注意事项）				
综合评定等级（个人30%，小组30%，教师40%）				

任务三　认识有色金属

❖ 任务描述

有色金属通常指除去铁（有时也除去锰和铬）和铁基合金以外的所有金属。有色金属可分为重金属（如铜、铅、锌）、轻金属（如铝、镁）、贵金属（如金、银、铂）及稀有金属（如钨、钼、锗、锂、镧、铀）。本任务介绍几种主要的有色金属。

❖ 任务实施步骤

一、实施目标

1. 了解有色金属材料的种类；
2. 掌握铝及铝合金的性能；
3. 熟悉铜及铜合金的性能；

4. 熟悉镁及镁合金的性能；

5. 掌握有色金属知识，树立文化自信。

二、实施准备

自主学习"知识链接"部分，并通过网络等媒介，了解有色金属材料的种类及性能。

课题名称		时 间	
随　　笔	预习主要内容		
随　　笔	课堂笔记主要内容		
评　　语			

三、实施内容

1. 说出铝及铝合金的性能。

2. 说出铜及铜合金的性能。

3. 说出镁及镁合金的性能。

四、实施步骤

1. 了解有色金属材料分为哪些类？

2. 铝及铝合金、铜及铜合金、镁及镁合金的性能特点。

3. 小组讨论生活中常见哪些有色金属？

❖ 任务评价

组别		小组负责人	
成员姓名		班级	
课题名称		实施时间	
评价指标	配分	自评	互评	教师评
课前准备，收集资料	5			
课堂学习情况	20			
能应用各种手段获得需要的学习材料，并能提炼出需要的知识点	20			
去车间实地观察学习	15			

续表

任务完成质量	10			
课堂学习纪律、完全文明	15			
能实现前后知识的迁移，主动性强，与同伴团结协作	15			
总　　计	100			
教师总评 （成绩、不足及注意事项）				
综合评定等级（个人30%，小组30%，教师40%）				

任务四　认识工程塑料

❖ 任务描述

工程塑料分为通用工程塑料和特种工程塑料。本任务介绍五种通用塑料性质、性能及使用范围，也对新型特种工程塑料作了概述。有些特种工程塑料仍处于研发和试制阶段。对新型特种工程塑料的学习，树立开发性能更好的品种的信心，以更好地满足用户的需要，同时也为社会的发展进步做出自己的贡献。

❖ 任务实施步骤

一、实施目标

1. 了解通用工程塑料的性能；
2. 了解通用塑料的主要品种及应用领域；
3. 了解特种工程材料的名称、特性；
4. 培养对工程塑料的兴趣，树立研发制造新型材料的信心及为国家建设做贡献的决心。

二、实施准备

自主学习"知识链接"部分，并通过网络等媒介，了解工程塑料的种类及性能。

课题名称		时　间	
随　　笔	预习主要内容		
随　　笔	课堂笔记主要内容		
评　　语			

三、实施内容

1. 说出通用工程塑料有哪几种？说出其性能及用途。
2. 说出特种工程塑料的性能及用途。

四、实施步骤

1. 了解通用工程塑料有哪些种类？说出其应用领域。
2. 特种工程塑料的性能及用途。
3. 小组讨论生活中常见哪些工程塑料？

❖ 任务评价

组别		小组负责人	
成员姓名		班级	
课题名称		实施时间	
评价指标	配分	自评	互评	教师评
---	---	---	---	---
课前准备，收集资料	5			
课堂学习情况	20			
能应用各种手段获得需要的学习材料，并能提炼出需要的知识点	20			
去车间实地观察学习	15			
任务完成质量	10			
课堂学习纪律、完全文明	15			
能实现前后知识的迁移，主动性强，与同伴团结协作	15			
总　　计	100			
教师总评 （成绩、不足及注意事项）				
综合评定等级（个人30%，小组30%，教师40%）				